"十四五"职业教育国家规划教材

职业教育**数字媒体应用**人才培养系列教材

Photoshop 图像处理

基础教程

Photoshop 2020
·微·课·版·

石坤泉 汤双霞◎主编　韩森 高雪雯 李强◎副主编

人民邮电出版社
北　京

图书在版编目（CIP）数据

Photoshop图像处理基础教程：Photoshop 2020：
微课版 / 石坤泉，汤双霞主编. -- 北京：人民邮电出
版社，2024.3
职业教育数字媒体应用人才培养系列教材
ISBN 978-7-115-63474-0

Ⅰ.①P… Ⅱ.①石… ②汤… Ⅲ.①图像处理软件—
教材 Ⅳ.①TP391.413

中国国家版本馆CIP数据核字(2024)第004739号

内 容 提 要

本书全面、系统地介绍 Photoshop 2020 的基本操作方法和图形图像处理技巧，包括初识 Photoshop 2020、图像处理基础知识、绘制和编辑选区、绘制和修饰图像、编辑图像、调整图像的色彩和色调、图层的应用、文字的使用、图形与路径、通道的应用、滤镜效果、动作的制作和商业应用实战等内容。

本书将软件功能的介绍融入案例的实现过程中，在讲解基础知识和基本操作后，通过课堂案例帮助学生快速掌握软件的应用技巧；通过课后习题提高学生的实际应用能力。第 13 章安排 7 个综合实例，旨在培养学生的商业设计思维，使其举一反三，达到实战水平。

本书可作为职业院校数字媒体类专业"Photoshop"课程的教材，也可作为 Photoshop 初学者的参考书。

◆ 主　编　石坤泉　汤双霞
　　副主编　韩　森　高雪雯　李　强
　　责任编辑　王亚娜
　　责任印制　王　郁　焦志炜

◆ 人民邮电出版社出版发行　　北京市丰台区成寿寺路 11 号
　　邮编　100164　电子邮件　315@ptpress.com.cn
　　网址　https://www.ptpress.com.cn
　　三河市君旺印务有限公司印刷

◆ 开本：787×1092　1/16
　　印张：16.25　　　　　　　2024 年 3 月第 1 版
　　字数：407 千字　　　　　2024 年 3 月河北第 1 次印刷

定价：69.80 元

读者服务热线：(010)81055256　印装质量热线：(010)81055316
反盗版热线：(010)81055315
广告经营许可证：京东市监广登字 20170147 号

PREFACE 前言

　　Photoshop 是由 Adobe 公司开发的图形图像处理和编辑软件。它功能强大、易学易用，深受图形图像处理爱好者和平面设计人员的喜爱。目前，我国很多职业院校的数字媒体艺术类专业，都将"Photoshop"列为一门重要的专业课程。为了帮助教师更好地讲授这门课程，我们几位长期在职业院校从事 Photoshop 教学的教师共同编写了本书。

　　本书全面贯彻党的二十大精神，以社会主义核心价值观为引领，传承中华优秀传统文化，坚定文化自信，使书中内容更好地体现时代性、把握规律性、富于创造性。本书具有完备的知识结构体系，主要内容按照"软件功能解析—课堂案例—课后习题"思路进行编排，学生能快速掌握软件的应用技巧，并提高创意设计能力。在内容选取方面，我们力求细致全面、重点突出；在文字叙述方面，我们注意言简意赅、通俗易懂；在案例设计方面，我们强调案例的针对性和实用性。

　　为方便教师教学，本书配备了素材、效果文件、微课视频、电子教案、PPT 课件、教学大纲等丰富的教学资源，任课教师可登录人邮教育社区网站（www.ryjiaoyu.com）免费下载使用。

　　本书的参考学时为 64 学时，其中实训环节为 28 学时，各章的参考学时参见下面的学时分配表。

章	课程内容	学时分配/学时	
		讲授	实训
第 1 章	初识 Photoshop 2020	2	—
第 2 章	图像处理基础知识	2	—
第 3 章	绘制和编辑选区	2	2
第 4 章	绘制和修饰图像	4	2
第 5 章	编辑图像	2	2
第 6 章	调整图像的色彩和色调	4	2
第 7 章	图层的应用	2	2
第 8 章	文字的使用	2	2
第 9 章	图形与路径	4	2
第 10 章	通道的应用	2	2
第 11 章	滤镜效果	4	2
第 12 章	动作的制作	2	2
第 13 章	商业应用实战	4	8
学 时 总 计		36	28

　　由于编者水平有限，书中难免存在不足之处，敬请广大读者批评指正。

编者
2023 年 11 月

本书配套资源

资源类型	数量	资源类型	数量
教学大纲	1 份	PPT 课件	13 个
电子教案	1 套	微课视频	77 个

微课视频列表

章	微课视频	章	微课视频
第 3 章 绘制和编辑选区	制作家居装饰类电商 Banner	第 11 章 滤镜效果	制作豆浆机广告
	制作沙发详情页主图		制作美妆护肤类公众号封面首图
	制作江南水乡公众号封面首图		制作彩妆网店详情页主图
第 4 章 绘制和修饰图像	制作头戴式耳机海报		制作文化传媒类公众号封面首图
	制作美妆公众号运营海报		制作家用电器类公众号封面首图
	制作健康生活公众号封面次图		制作夏至节气宣传海报
	绘制应用商店类 UI 图标	第 12 章 动作的制作	制作文化类公众号封面首图
	制作茶文化公众号内文配图		制作影像艺术类公众号封面首图
第 5 章 编辑图像	制作古都西安公众号封面首图		制作阅读生活公众号封面次图
	为产品添加标识	第 13 章 商业应用实战	绘制时钟图标
	制作房屋地产类公众号信息图		绘制画板图标
第 6 章 调整图像的色彩 和色调	修正详情页主图中偏色的图片		绘制记事本图标
	制作女装网店详情页主图		制作中式茶叶网站主页 Banner
	制作旅游出行公众号封面首图		制作七夕活动 Banner
	制作休闲生活类公众号封面首图		制作实木双人床 Banner
	制作小寒节气宣传海报		制作传统文化宣传海报
	制作传统美食公众号封面次图		制作果汁饮品海报
第 7 章 图层的应用	制作元宵节节日宣传海报		制作音乐会宣传海报
	制作服装类 App 主页 Banner		制作茶艺图书封面
	制作珠宝网站详情页主图		制作花艺工坊图书封面
	制作化妆品网店详情页主图		制作剪纸图书封面
	制作传统美食网店详情页主图		制作冰淇淋包装
第 8 章 文字的使用	制作餐厅招牌面宣传单		制作五谷杂粮包装
	制作购物节 Banner 广告		制作方便面包装
	制作中秋月饼商品海报		制作中式茶叶官网首页
第 9 章 图形与路径	制作 IT 互联网 App 闪屏页		制作中式茶叶官网详情页
	制作运动鞋 App 主页 Banner		制作中式茶叶官网招聘页
	制作端午节海报		制作旅游类 App 首页
第 10 章 通道的应用	制作婚纱摄影类公众号运营海报		制作旅游类 App 个人中心页
	制作女性健康公众号首页次图		制作旅游类 App 引导页
	制作摄影摄像类公众号封面首图		

CONTENTS 目录

目录 CONTENTS

CONTENTS 目录

目录 CONTENTS

CONTENTS 目录

目录 CONTENTS

CONTENTS 目 录

第 1 章
初识 Photoshop 2020

本章将详细讲解 Photoshop 2020 的基础知识和基本操作。读者通过学习本章应对 Photoshop 2020 有初步的认识和了解，并掌握该软件的基本操作方法，为以后的学习打下坚实的基础。

课堂学习目标

- ✔ 了解 Photoshop 的工作界面
- ✔ 掌握如何新建、打开、保存和关闭图像
- ✔ 了解图像的显示效果
- ✔ 掌握标尺、参考线和网格线的设置
- ✔ 掌握图像和画布尺寸的调整
- ✔ 掌握绘图颜色的设置
- ✔ 了解图层的含义
- ✔ 了解恢复操作的应用

素养目标

- ✔ 培养学生的自学能力
- ✔ 提高学生的计算机操作水平

1.1 工作界面的介绍

了解工作界面是学习 Photoshop 2020 的基础。熟悉工作界面的内容，有助于广大初学者日后得心应手地使用 Photoshop 2020。Photoshop 2020 的工作界面主要由"菜单栏""属性栏""工具箱""控制面板""图像窗口"和"状态栏"等组成，如图 1-1 所示。

图 1-1

1.1.1 菜单栏及其快捷方式

Photoshop 2020 的菜单栏包含"文件"菜单、"编辑"菜单、"图像"菜单、"图层"菜单、"文字"菜单、"选择"菜单、"滤镜"菜单、"3D"菜单、"视图"菜单、"窗口"菜单及"帮助"菜单等，如图 1-2 所示。

Ps　文件(F)　编辑(E)　图像(I)　图层(L)　文字(Y)　选择(S)　滤镜(T)　3D(D)　视图(V)　窗口(W)　帮助(H)

图 1-2

选择菜单命令来管理和操作软件有以下几种方法。

- 使用鼠标选择所需要的命令。使用鼠标左键单击（以下简称"单击"）菜单名，在打开的菜单中选择所需要的命令。
- 使用鼠标右键快捷菜单中的命令。打开图像后，在工具箱中选择不同的工具，用鼠标右键单击工作区域中的图像，将弹出不同的快捷菜单，可以选择快捷菜单中的命令对图像进行编辑。如选择"矩形选框"工具 后，用鼠标右键单击图像区域，弹出的快捷菜单如图 1-3 所示。

图 1-3

- 使用快捷键选择所需要的命令。使用菜单命令旁标注的快捷键，如选择"文件 > 打开"命令，等同于直接按 Ctrl+O 组合键。
- 自定义键盘快捷方式。为了能更方便地使用常用的命令，Photoshop 2020 为用户提供了自定义键盘快捷方式、保存键盘快捷方式的功能。

选择"编辑>键盘快捷键"命令，或按 Alt+Shift+Ctrl+K 组合键，弹出"键盘快捷键和菜单"对话框，如图 1-4 所示。在对话框下面的信息栏中说明了快捷键的设置方法，在右侧"组"下拉列表框中可以选择使用哪种快捷键的设置，在左侧"快捷键用于"下拉列表框中可以选择需要设置快捷键的菜单或工具，在下面的列表框中选择需要的命令或工具进行设置即可，如图 1-5 所示。

图1-4

图1-5

需要修正快捷键设置时，单击"键盘快捷键和菜单"对话框中的"根据当前的快捷键组创建一组新的快捷键"按钮 ，弹出"另存为"对话框，如图 1-6 所示。在"文件名"文本框中输入名称，单击"保存"按钮，保存新的快捷键设置。这时，在"组"下拉列表框中就可以选择新的快捷键设置了，如图 1-7 所示。

图1-6

图1-7

更改快捷键设置后，需要单击"存储对当前快捷键组的所有更改"按钮 对设置进行存储，单击"确定"按钮，应用更改的快捷键设置。如果要将快捷键设置删除，可以在"键盘快捷键和菜单"对话框中单击"删除当前的快捷键组合"按钮 ，Photoshop 2020 会将快捷键设置自动还原为默认状态。

1.1.2　工具箱

Photoshop 2020 的工具箱提供了强大的工具，包括选择类工具、绘图类工具、填充类工具、编辑类工具、颜色选择类工具、屏幕视图类工具、快速蒙版类工具等，如图 1-8 所示。

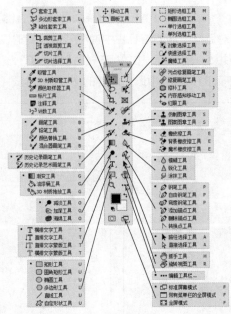

图1-8

1. 选择工具箱中的默认工具

选择工具箱中的默认工具有以下两种方法。

- 使用鼠标选择默认工具。单击工具箱中需要的工具，即可快速选择该工具。
- 使用快捷键选择默认工具。直接按键盘上的工具快捷键，即可快速选择该工具，如要选择"移动"工具 ⊕ ，可以直接按 V 键。

2. 选择工具箱中的隐藏工具

在工具箱中，有的工具图标的右下方有一个黑色的小三角 ◢ ，该图标表示的是有隐藏工具的工具组。选择工具箱中的隐藏工具有以下两种方法。

- 使用鼠标选择隐藏工具。单击工具箱中有黑色小三角的工具图标，并按住鼠标左键不放，弹出隐藏的工具。将鼠标指针移动到需要的工具图标上，单击即可选择该工具。例如，要选择"磁性套索"工具 ⊠ ，可先将鼠标指针移动到"套索"工具图标 ◯ 上，单击图标并按住鼠标左键不放，弹出隐藏的"套索"工具，如图 1-9 所示，将鼠标指针移动到"磁性套索"工具图标 ⊠ 上，单击即可选择"磁性套索"工具 ⊠ 。

图1-9

- 使用快捷键选择隐藏工具。按住 Alt 键的同时反复单击有隐藏工具的图标，就会循环出现每个隐藏的工具图标。按住 Shift 键的同时反复按键盘上的工具快捷键，也会循环出现每个隐藏的工具图标。

3. 鼠标指针的变化

图像中的鼠标指针在以下两种情况下会发生改变。

- 选择工具箱中的工具。当选择工具箱中的工具后，鼠标指针就变为工具图标，如图 1-10 所示。
- 按键盘上的快捷键。反复按 Caps Lock 键，鼠标指针会在工具图标和精确十字形之间切换。图 1-11 所示为精确十字形状态。

图 1-10

图 1-11

1.1.3　属性栏

在用户选择工具箱中的任意一个工具后，都会在 Photoshop 2020 的界面中出现相对应的属性栏。例如，选择工具箱中的"套索"工具 ，会出现其属性栏，如图 1-12 所示。

图 1-12

1.1.4　状态栏

在 Photoshop 2020 中，图像的状态栏显示在图像窗口的底部。状态栏的左侧是当前图像缩放显示的百分数；状态栏的中间部分是图像的文件信息，单击灰色三角图标 ，在弹出的菜单中可以选择显示当前图像的相关信息，如图 1-13 所示。

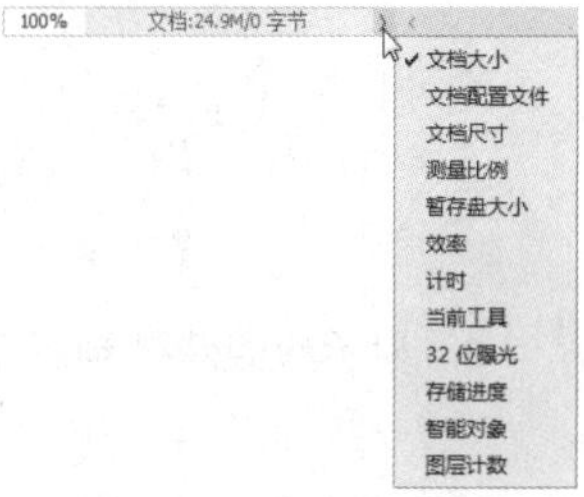

1.1.5　控制面板

Photoshop 2020 的控制面板是处理图像时一个不可或缺的部分。Photoshop 2020 为用户提供多种控制面板，如图 1-14 所示。

图 1-13

将鼠标指针放置在控制面板右下角，鼠标指针变为图标 ，按住鼠标左键不放，拖曳可放大或缩小控制面板。

1. 选择控制面板

选择控制面板有以下几种方法。

● 在"窗口"菜单中选择控制面板的菜单命令，可选择控制面板。

● 使用快捷键选择控制面板。按 F6 键，可选择"颜色"控制面板；按 F7 键，可选择"图层"控制面板；按 F8 键，可选择"信息"控制面板。

● 使用鼠标选择控制面板。单击要使用的控制面板选项卡，当前控制面板将切换为用户要使用的控制面板，如图 1-15 所示。

图 1-14

图 1-15

如果想单独使用一个控制面板，可以在控制面板组中单击需要单独使用的控制面板选项卡，并按住鼠标左键不放，拖曳选项卡到其他位置，此时松开鼠标左键将出现一个单独的控制面板，如图 1-16和图 1-17 所示。如果想将控制面板组中不同的控制面板调换位置，也可以使用这种方法，效果如图 1-18和图 1-19 所示。

图 1-16

图 1-17

拖曳控制面板的选项卡到另一个控制面板的下方，当出现一条蓝色粗线时，如图 1-20 所示，松开鼠标左键即可将两个控制面板连接在一起，效果如图 1-21 所示。

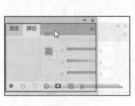

图 1-18

图 1-19

图 1-20

图 1-21

2. 显示或隐藏控制面板

显示或隐藏控制面板有以下两种方法。

● 在"窗口"菜单中可选择需要显示或隐藏的控制面板。

● 使用快捷键显示或隐藏控制面板。反复按 Tab 键，可控制同时显示或隐藏工具箱和控制面板；反复按 Shift+Tab 组合键，可控制显示或隐藏控制面板。

3. 自定义工作区

可以依据个人使用习惯来自定义工作区、存储控制面板及设置工具的排列方式，设计出个性化的Photoshop 2020 界面。

选择"窗口 > 工作区 > 新建工作区"命令，如图 1-22 所示。弹出"新建工作区"对话框，如图 1-23 所示，输入工作区名称，单击"存储"按钮，即可对自定义的工作区进行存储。

图 1-22

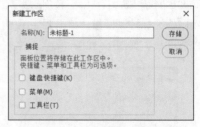

图 1-23

使用自定义的工作区时，选择"窗口 > 工作区"命令后选择新保存的工作区名称即可。如果要恢复使用 Photoshop 2020 默认的工作区，可以选择"窗口 > 工作区 > 复位基本功能"命令。选择"窗口 > 工作区 > 删除工作区"命令，可以删除自定义的工作区。

1.2 新建和打开图像文件

如果要在一个空白的图像文件中绘图，就要在 Photoshop 2020 中新建一个图像文件；如果要对照片或图片进行修改和处理，就要在 Photoshop 2020 中将其打开。

1.2.1 新建图像文件

新建图像文件是使用 Photoshop 2020 进行设计的第一步。启用"新建"命令有以下两种方法。
● 选择"文件 > 新建"命令。
● 按 Ctrl+N 组合键。

启用"新建"命令，将弹出"新建文档"对话框，如图 1-24 所示。

在对话框中，根据需要单击上方的类别选项卡，选择需要的预设新建图像文件；或在右侧的选项中修改图像的名称、宽度、高度、分辨率、色彩模式等预设数值新建图像文件，单击名称右侧的按钮，新建图像文件预设。设置完成后，单击"创建"按钮，即可完成新建图像文件的任务，效果如图 1-25 所示。

提示
分辨率越高，图像文件所需的存储空间也就越大。应根据工作需要设定合适的分辨率。

图 1-24

图 1-25

1.2.2 打开图像文件

打开图像文件是使用 Photoshop 2020 对原有图像进行修改的第一步。

1. 使用菜单命令或快捷键打开文件

启用"打开"命令有以下几种方法。

- 选择"文件 > 打开"命令。
- 按 Ctrl+O 组合键。
- 在 Photoshop 2020 界面中双击。

启用"打开"命令，将弹出"打开"对话框，如图 1-26 所示。在对话框中搜索路径和文件，确定文件类型和名称，通过 Photoshop 2020 提供的预览缩略图选择文件，然后单击"打开"按钮，或直接双击文件，即可打开指定的图像文件，如图 1-27 所示。

图 1-26

图 1-27

提示

在"打开"对话框中，也可以同时打开多个文件。只要在文件列表中将所需的多个文件选中，单击"打开"按钮，Photoshop 2020 就会按先后次序逐个打开这些文件，以免多次反复调用"打开"对话框。在"打开"对话框中，按住 Ctrl 键的同时单击，可以选择不连续的文件；按住 Shift 键的同时单击，可以选择连续的文件。

2. 使用"浏览"命令打开文件

启用"浏览"命令有以下两种方法。

- 选择"文件 > 在 Bridge 中浏览"命令。
- 按 Alt+Ctrl+O 组合键。

启用"在 Bridge 中浏览"命令，系统将弹出"文件浏览器"控制面板，在"文件浏览器"控制面板中可以直观地浏览和检索图像，双击选中的文件即可在 Photoshop 2020 界面中打开该文件。

3. 打开最近使用过的文件

如果要打开最近使用过的文件，可以选择"文件 > 最近打开文件"命令，系统会弹出最近打开过的文件菜单供用户选择。

1.3　保存和关闭图像文件

对图像文件编辑和制作完成后，就需要对其进行保存。对于暂时不用的图像文件，进行保存后就可以将它关闭。

1.3.1　保存图像文件

保存图像文件有以下两种方法。

- 选择"文件 > 存储"命令。

● 按 Ctrl+S 组合键。

当对设计好的作品进行第一次存储时，启用"存储"命令，系统将弹出"另存为"对话框，如图 1-28 所示，在对话框中，输入文件名并选择文件格式，单击"保存"按钮，即可将图像文件保存。

图 1-28

 提示　　　当对图像文件进行编辑操作后，选择"存储"命令，系统不会弹出"另存为"对话框，计算机直接保留最终确定的结果，并覆盖原始文件。因此，在未确定要放弃原始文件之前，应慎用此命令。

若既要保留修改过的文件，又不想放弃原文件，则可以使用"存储为"命令。启用"存储为"命令有以下两种方法。

● 选择"文件 > 存储为"命令。

● 按 Shift+Ctrl+S 组合键。

启用"存储为"命令，系统将弹出"另存为"对话框，在对话框中，可以为修改过的文件重新命名、选择路径和设定格式，然后进行保存。原文件保留不变。

"存储"选项组中一些选项的功能如下。

勾选"作为副本"复选框时，可将修改过的文件保存为原文件的副本。勾选"注释"复选框时，可保存带有批注的文件。勾选"Alpha 通道"复选框时，可保存带有 Alpha 通道的文件。勾选"专色"复选框时，可保存带有专色通道的文件。勾选"图层"复选框时，可将图层和文件同时保存。

1.3.2　关闭图像文件

保存图像文件后，就可以将其关闭。关闭图像文件有以下几种方法。

● 选择"文件 > 关闭"命令。

● 按 Ctrl+W 组合键。

● 单击图像窗口右上方的"关闭"按钮 。

关闭图像文件时，若当前文件被修改过或是新建的文件，则系统会弹出一个提示框，如图 1-29 所示，询问用户是否进行保存，若单击"是"按钮则保存图像文件。

图 1-29

将打开的图像文件全部关闭有以下几种方法。

- 选择"文件 > 关闭全部"命令。
- 按 Alt+Ctrl+W 组合键。
- 按住 Shift 键的同时，单击图像窗口右上方的"关闭"按钮 ✖。

1.4　图像的显示效果

使用 Photoshop 2020 编辑和处理图像时，可以通过改变图像的显示比例来使工作变得更加便捷、高效。

1.4.1　100%显示图像

打开一个图像文件，100%显示图像，效果如图 1-30 所示。在此状态下可以对图像进行精确的编辑。

1.4.2　放大显示图像

图1-30

放大显示图像有利于观察图像的局部细节并更准确地编辑图像。放大显示图像有以下几种方法。

- 使用"缩放"工具。选择工具箱中的"缩放"工具 🔍，工作区域中的鼠标指针变为"放大"工具图标 🔍，每单击一次鼠标，图像就会放大原图的一倍。例如，图像以 100%的比例显示在屏幕上，单击"放大"工具 🔍 一次，则图像的显示比例变成 200%，再单击一次，则变成 300%，效果分别如图 1-31 和图 1-32 所示。当要放大一个指定的区域时，先选择"放大"工具 🔍，然后把"放大"工具定位在要放大的区域，按住鼠标左键并拖曳，使画出的矩形框框住所需的区域，然后松开鼠标左键，这个区域就会放大显示并填满图像窗口，如图 1-33 和图 1-34 所示。

图1-31

图1-32

图1-33

图1-34

- 使用快捷键。按 Ctrl ++组合键，可逐步地放大图像。
- 使用属性栏。如果希望将图像窗口放大至填满整个屏幕，可以在"缩放"工具的属性栏中单击"适合屏幕"按钮 适合屏幕，再勾选"调整窗口大小以满屏显示"复选框，如图 1-35 所示。这样在放大图像时，窗口就会和屏幕的尺寸相适应，效果如图 1-36 所示。单击"100%"按钮 100%，图像就会以实际比例显示；单击"填充屏幕"按钮 填充屏幕，可以缩放图像以适应屏幕。

图1-35

● 使用"导航器"控制面板。用户也可以在"导航器"控制面板中对图像进行放大或缩小，选择"窗口 > 导航器"命令，弹出"导航器"控制面板，如图 1-37 所示。单击控制面板右下角较大的三角图标▲，可逐步地放大图像。单击控制面板左下角较小的三角图标▴，可逐步地缩小图像。拖拉滑块可以自由地将图像放大或缩小。在左下角的数值框中直接输入数值后，按 Enter 键确定，也可以将图像放大或缩小。

图 1-36

图 1-37

提示　　双击"抓手"工具🖐️，可以把整个图像 "满画布显示"。当正在使用工具箱中的其他工具时，按住 Ctrl+Spacebar（空格）组合键，可以快速调用"放大"工具🔍，进行放大显示的操作。

1.4.3　缩小显示图像

缩小显示，可使图像变小，这样一方面可以用有限的屏幕空间显示更多的图像内容，另一方面可以看到一个较大图像的全貌。缩小显示图像有以下 3 种方法。

● 使用"缩放"工具。选择工具箱中的"缩放"工具🔍，工作区域中鼠标指针变为"放大"工具图标🔍，按住 Alt 键，则屏幕上的"放大"工具图标🔍变为"缩小"工具图标🔍。每单击一次鼠标，图像将缩小显示一级，效果如图 1-38 所示。

● 使用属性栏。在"缩放"工具的属性栏中单击缩小按钮🔍，如图 1-39 所示，则屏幕上的"放大"工具图标变为"缩小"工具图标🔍。每单击一次鼠标，图像将缩小显示一级。

图 1-38

图 1-39

● 使用快捷键。按 Ctrl + -组合键，可逐步地缩小图像。

提示　　当正在使用工具箱中的其他工具时，按住 Alt+Spacebar（空格）组合键，可以快速调用"缩小"工具🔍，进行缩小显示的操作。

1.4.4　全屏显示图像

通过全屏显示图像可以更好地观察图像的完整效果。全屏显示图像有以下两种方法。

- 单击工具箱中的"更改屏幕模式"按钮 ，弹出屏幕模式菜单，包括标准屏幕模式、带有菜单栏的全屏模式和全屏模式。
- 使用快捷键。反复按 F 键，可以切换不同的屏幕模式，效果分别如图 1-40～图 1-42 所示。按 Tab 键，可以关闭除图像和菜单外的其他控制面板，效果如图 1-43 所示。

图 1-40

图 1-41

图 1-42

图 1-43

1.4.5　图像窗口显示

当打开多个图像文件时，会出现多个图像窗口，这就需要对图像窗口进行布置和摆放。

双击 Photoshop 2020 界面，弹出"打开"对话框。在"打开"对话框中，按住 Ctrl 键的同时，单击要打开的文件，如图 1-44 所示，然后单击"打开"按钮，效果如图 1-45 所示。

图 1-44

图 1-45

按 Tab 键，关闭界面中的工具箱和控制面板，效果如图 1-46 所示。选择"窗口 > 排列 > 在窗口中浮动"命令，图像的排列效果如图 1-47 所示。

图 1-46

图 1-47

选择"窗口 > 排列 > 层叠"命令，图像的排列效果如图 1-48 所示。选择"窗口 > 排列 > 平铺"命令，图像的排列效果如图 1-49 所示。

图 1-48

图 1-49

1.4.6　观察放大图像

可以将图像放大以便观察。选择工具箱中的"缩放"工具 ，在工作区域中鼠标指针变为"放大"工具图标 后，放大图像，图像周围会出现滚动条。

观察放大图像有以下两种方法。

● 应用"抓手"工具 。选择工具箱中的"抓手"工具 ，在工作区域中鼠标指针变为抓手形状，在放大的图像中拖曳，可以观察图像的每个部分，效果如图 1-50 所示。

● 拖曳滚动条。直接拖曳图像周围的垂直或水平滚动条，可以观察图像的每个部分，效果如图 1-51 所示。

图 1-50

图 1-51

| 提示 | 如果正在使用其他工具进行工作，按住 Spacebar（空格）键，可以快速调用"抓手"工具 。 |

1.5　标尺、参考线和网格线的设置

标尺、参考线和网格线的设置可以使图像处理变得更加精确。有许多实际设计任务中的问题也需要使用标尺和网格线来解决。

1.5.1　标尺的设置

设置标尺可以精确地编辑和处理图像。在菜单栏中选择"编辑 > 首选项 > 单位与标尺"，如图 1-52 所示。"单位"选项组用于设置标尺和文字的显示单位，有不同的显示单位可供选择；"列尺寸"选项组可以精确地确定图像的尺寸；"点/派卡大小"选项组则与输出有关。

图 1-52

选择"视图 > 标尺"命令，或反复按 Ctrl+R 组合键，可以显示或隐藏标尺，效果如图 1-53 和图 1-54 所示。

图 1-53

图 1-54

将鼠标指针放在标尺的 x 轴和 y 轴的"0 点"处，如图 1-55 所示。按住鼠标左键不放，拖曳到适当的位置，如图 1-56 所示，松开鼠标左键，标尺的 x 轴和 y 轴的"0 点"就会处于鼠标指针移动

到的位置，效果如图 1-57 所示。

图 1-55

图 1-56

图 1-57

1.5.2 参考线的设置

设置参考线可以使编辑图像的位置更精确。将鼠标指针放在水平标尺上，按住鼠标左键不放，可以拖曳出水平参考线，效果如图 1-58 所示。将鼠标指针放在垂直标尺上，按住鼠标左键不放，可以拖曳出垂直参考线，效果如图 1-59 所示。

图 1-58

图 1-59

提示

按住 Alt 键，可以从水平标尺中拖曳出垂直参考线，也可以从垂直标尺中拖曳出水平参考线。

选择"视图 > 显示 > 参考线"命令（只有在参考线存在的前提下才能应用此命令），或反复按 Ctrl +；组合键，可以将参考线显示或隐藏。

选择工具箱中的"移动"工具 ，将鼠标指针放在参考线上，鼠标指针由"移动"工具图标变为↔或↨，按住鼠标左键拖曳可以移动参考线。

选择"视图 > 锁定参考线"命令或按 Alt+Ctrl+；组合键，可以将参考线锁定，锁定后参考线便不能移动。选择"视图 > 清除参考线"命令，可以将参考线清除。

选择"视图 > 新建参考线"命令，弹出"新建参考线"对话框，如图 1-60 所示，设定后单击"确定"按钮，图像中将出现新建的参考线。

选择"视图 > 新建参考线版面"命令，弹出"新建参考线版面"对话框，如图 1-61 所示，设定后单击"确定"按钮，可以快速地为整个版面添加多条参考线。

图 1-60 图 1-61

在实际制作过程中，要精确设置标尺和参考线，可以参考"信息"控制面板中的数值进行设置。

1.5.3 网格线的设置

设置网格线可以更精确地处理图像，设置方法如下。

选择"编辑 > 首选项 > 参考线、网格和切片"命令，如图 1-62 所示。"参考线"选项组用于设定参考线的颜色和样式等；"网格"选项组用于设定网格的颜色、样式、网格线间隔和子网格等；"切片"选项组用于设定线条颜色和显示切片编号。

打开一张图片，显示标尺，效果如图 1-63 所示，选择"视图 > 显示 > 网格"命令，通过按 Ctrl+'组合键，可以显示或隐藏网格，图 1-64 所示为显示效果。

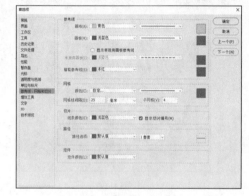

图 1-62

图 1-63

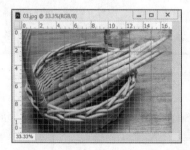

图 1-64

1.6 图像和画布尺寸的调整

在完成平面设计任务的过程中，经常需要调整图像和画布的尺寸。下面具体讲解图像和画布尺寸的调整方法。

1.6.1　图像尺寸的调整

打开一幅图像，效果如图 1-65 所示，选择"图像 > 图像大小"命令，系统将弹出"图像大小"对话框，如图 1-66 所示。

图 1-65　　　　　　　　　　　　　　　　　　　　　图 1-66

"图像大小"选项：通过改变"宽度""高度"和"分辨率"选项的数值，可改变图像文档的大小，图像的尺寸也相应改变。

"缩放样式"选项 ✿：选择此选项后，若在图像操作中添加了图层样式，可以在调整大小时自动缩放样式大小。

"尺寸"选项：图像的宽度和高度上的总像素数。单击尺寸右侧的按钮 ⌄，可以改变计量单位。

"调整为"选项：选取预设以调整图像大小。

"约束比例"选项 🔗：单击"宽度"和"高度"选项，左侧出现锁链标志 🔗，表示改变其中一项设置时，两项设置会成比例地同时改变。

"分辨率"选项：位图图像中的细节精细度，计量单位是像素/英寸（ppi）。

"重新采样"选项：不勾选此复选框，尺寸的数值将不会改变，"宽度""高度"和"分辨率"选项的左侧将出现锁链标志 🔗，如图 1-67 所示，改变数值时 3 项会同时改变。

图 1-67

在"图像大小"对话框中，如果要改变选项数值的计量单位，可在选项右侧的下拉列表框中进行选择，如图 1-68 所示。单击"调整为"选项右侧的 ⌄ 按钮，在打开的下拉列表中选择"自动分辨率"命令，弹出"自动分辨率"对话框，系统将自动调整图像的分辨率和品质，如图 1-69 所示。

图 1-68　　　　　　　　　　　　　　　　　　　　　图 1-69

1.6.2 画布尺寸的调整

图像画布的大小是指当前图像周围的工作空间的大小。

选择"图像 > 画布大小"命令，系统将弹出"画布大小"对话框，如图 1-70 所示。"当前大小"选项组用于显示当前画布的大小和尺寸；"新建大小"选项组用于重新设定画布的大小；"定位"选项则可调整图像在新画布中的位置，如偏左、居中或偏右下等，如图 1-71 所示。

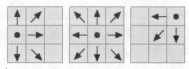

图 1-70 　　　　　　　　　　　　　　　　图 1-71

调整画布大小的效果对比如图 1-72 所示。

（a）偏左

（b）居中

（c）右上角

图 1-72

在"画布扩展颜色"下拉列表框中可以选择填充图像周围扩展部分的颜色，可以选择前景色、背景色或 Photoshop 2020 中的默认颜色，也可以自己调整所需颜色。在对话框中进行设置，如图 1-73 所示，单击"确定"按钮，效果如图 1-74 所示。

图 1-73

图 1-74

1.7 设置绘图颜色

在 Photoshop 2020 中，可以根据设计和绘图的需要设置多种不同的颜色。

1.7.1 使用色彩控制工具设置颜色

工具箱中的色彩控制工具可以用于设定前景色和背景色。单击切换标志 ↰ 或按 X 键可以互换前景色和背景色；单击初始化图标 ➘ 或按 D 键，可以使前景色和背景色恢复到初始状态，即前景色为黑色、背景色为白色；单击前景色控制框或背景色控制框，系统将弹出图 1-75 所示的拾色器对话框，可以在此选取颜色。

在拾色器对话框中设置颜色有以下几种方法。

● 使用颜色滑块和颜色选择区选择颜色。在颜色色相区域内单击或拖曳两侧的滑块，如图 1-76 所示，可以使颜色的色相产生变化。

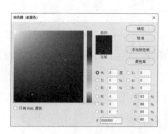

图 1-75

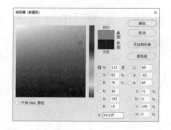

图 1-76

在拾色器对话框左侧的颜色选择区中，可以选择颜色的明度和饱和度，垂直方向表示的是明度的变化，水平方向表示的是饱和度的变化。

选择好颜色后，在对话框右侧上方的颜色框中会显示所选择的颜色，右侧下方是所选择颜色的 H、S、B，R、G、B，L、a、b，C、M、Y、K 的值，单击"确定"按钮，所选择的颜色将变为工具箱中的前景色或背景色。

● 使用颜色库按钮选择颜色。在拾色器对话框中单击"颜色库"按钮 颜色库 ，弹出"颜色库"对话框，如图 1-77 所示。在"颜色库"对话框中，"色库"下拉列表框中是一些

常用的印刷颜色体系，如图 1-78 所示。其中
"TRUMATCH"是为印刷设计提供服务的印
刷颜色体系。

在颜色色相区域内单击或拖曳两侧的滑块，可以使颜
色的色相产生变化。在颜色选择区中选择带有编码的颜
色，在对话框的右侧上方颜色框中会显示所选择的颜色，
右侧下方是所选择颜色的 L、a、b 的值。

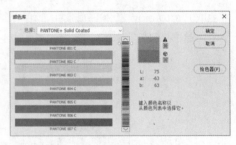

图 1-77

选择好颜色后，单击"拾色器"按钮，返回拾色器
对话框。

- 通过输入数值选择颜色。在拾色器对话框中，右侧下方的 HSB、RGB、CMYK、Lab 模式
  后面，都有可以输入数值的数值框，在其中输入所需颜色的数值也可以得到希望的颜色。

勾选对话框左下方的"只有 Web 颜色"复选框，颜色选择区中将出现供网页使用的颜色，如
图 1-79 所示，在右侧的 # 33cc00 中，显示的是网页颜色的数值。

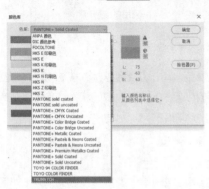

图 1-78

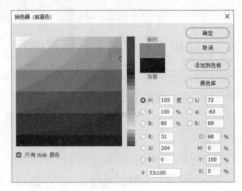

图 1-79

1.7.2 使用"吸管"工具设置颜色

可以使用"吸管"工具吸取图像中的颜色来确定要设置的颜色。下面讲解具体的设置方法。

1. 吸管工具

使用"吸管"工具 可以在图像或"颜色"控制面板中吸取颜色，并可在"信息"控制面板中
观察像素点的色彩信息。选择"吸管"工具 ，其属性栏如图 1-80 所示。在"吸管"工具属性栏中，
"取样大小"下拉列表框用于设定取样范围的大小。

图 1-80

启用"吸管"工具 有以下两种方法。

- 单击工具箱中的"吸管"工具 。
- 按 I 键或反复按 Shift+I 组合键。

打开一幅图像，启用"吸管"工具 ，在图像中需要的位置单击，前景色将变为吸取的颜色，
在"信息"控制面板中可以观察到吸取颜色的色彩信息，如图 1-81 所示。

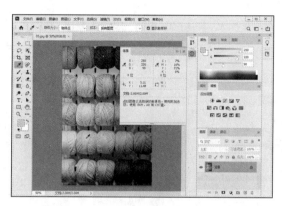

图 1-81

2. 颜色取样器工具

使用"颜色取样器"工具 可以在图像中对需要的色彩进行取样，最多可以对 4 个颜色点进行取样。取样的结果会出现在"信息"控制面板中。使用"颜色取样器"工具 可以获得更多的色彩信息。选择"颜色取样器"工具 ，其属性栏如图 1-82 所示。

启用"颜色取样器"工具 有以下两种方法。

图 1-82

● 单击工具箱中的"颜色取样器"工具 。

● 反复按 Shift+I 组合键。

启用"颜色取样器"工具 ，打开一幅图像，在图像中需要的位置单击 4 次，如图 1-83 所示。在"信息"控制面板中将记录下 4 次取样的色彩信息，如图 1-84 所示。

将颜色取样器形状的鼠标指针放在取样点中，鼠标指针变成移动图标，按住鼠标左键不放，拖曳可以将取样点移动到适当的位置，如图 1-85 所示。移动后"信息"控制面板中的记录会改变，如图 1-86 所示。

图 1-83

图 1-84

图 1-85

图 1-86

1.7.3 使用"颜色"控制面板设置颜色

"颜色"控制面板可以用来改变前景色和背景色。选择"窗口 > 颜色"命令，或按 F6 键，系统将弹出"颜色"控制面板，如图 1-87 所示。

在控制面板中，可先单击左侧的前景色图标或背景色图标以确定所调整的是前景色还是背景色，然后拖曳滑块或在颜色栏中选择所需的颜色，或直接在颜色的数值框中输入数值调整颜色。

单击控制面板右上方的 图标，系统将弹出"颜色"控制面板的菜单，如图 1-88 所示。此菜单用于设定控制面板中显示的色彩模式，可以在不同的色彩模式中调整颜色。

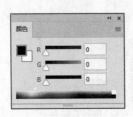

图 1-87   图 1-88

1.7.4 使用"色板"控制面板设置颜色

"色板"控制面板可以用来选取颜色以改变前景色或背景色。选择"窗口 > 色板"命令，系统将弹出"色板"控制面板，如图 1-89 所示。

此外，单击控制面板右上方的 ☰ 图标，系统将弹出"色板"控制面板的菜单，如图 1-90 所示。

新建色板预设：用于新建一个色板。

新建色板组：用于新建一个色板组。

重命名色板：用于重命名色板。

删除色板：用于删除色板。

小型缩览图：可使控制面板显示最小型图标。

小/大缩览图：可使控制面板显示为小/大图标。

小/大列表：可使控制面板显示为小/大列表。

显示最近使用的项目：可显示最近使用的颜色。

恢复默认色板：用于恢复至系统的初始设置。

导入色板：用于向"色板"控制面板中增加色板文件。

导出所选色板：用于将当前"色板"控制面板中的色板文件存入硬盘。

导出色板以供交换：用于将当前"色板"控制面板中的色板文件存入硬盘并供交换使用。

旧版色板：用于使用旧版的色板。

图 1-89   图 1-90

在工具箱中将"前景色"设为橘黄色（#F8A20C），如图 1-91 所示。在"色板"控制面板中，单击"创建新色板"按钮 ⊡，如图 1-92 所示，弹出"色板名称"对话框，如图 1-93 所示，单击"确定"按钮，即可将前景色添加到"色板"控制面板中，如图 1-94 所示。

在"色板"控制面板中，将鼠标指针移到色标上，指针变为吸管 🖋 形状，此时单击色标，可将吸取的颜色设置为前景色。

图 1-91

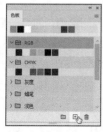

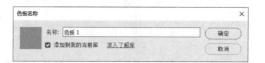

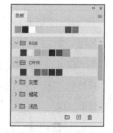

图 1-92   图 1-93   图 1-94

1.8 了解图层的含义

在 Photoshop 2020 中，图层有着非常重要的作用，要对图像进行编辑就不能离开图层。

选择"文件 > 打开"命令，弹出"打开"对话框，选择需要的文件，如图 1-95 所示。单击"打开"按钮，将图像文件在 Photoshop 2020 中打开，效果如图 1-96 所示。

打开文件后，在"图层"控制面板中已经有多个图层，在每个图层上都有一个小的缩略图像，如图 1-97 所示。若只想看到背景图层上的图像，则可依次在其他图层的眼睛图标 👁 上单击，其他层即被隐藏，如图 1-98 所示。图像窗口中只显示背景图层中的图像，如图 1-99 所示。

图 1-95   图 1-96

图 1-97   图 1-98   图 1-99

在"图层"控制面板中，上面图层中的图像会以一定的方式覆盖在下面图层中的图像上，这些图层重叠在一起并显示在图像窗口中，就会形成一幅完整的图像。Photoshop 2020 中底部的图层是背景图层，往上都是透明图层，在每一个图层中可以放置不同的图像，上面的图层将影响下面的图层，修改其中某一个图层不会改动其他图层。

1.8.1 认识"图层"控制面板

"图层"控制面板可以用来搜索图层、显示和隐藏图层、创建新图层以及处理图层组。打开一幅图像，选择"窗口 > 图层"命令，或按 F7 键，系统将弹出"图层"控制面板，如图 1-100 所示。

在"图层"控制面板上方的两个系统按钮分别是"折叠为图标"按钮 ◄◄ 和"关闭"按钮 ✕ 。单击"折叠为图标"按钮 ◄◄ 可以显示（或隐藏）"图层"控制面板，单击"关闭"按钮 ✕ 可以关闭"图层"控制面板。

图层搜索功能：在 🔍类型 ✕ 中可以选取 9 种不同的搜索方式，如图 1-101 所示。

图 1-100   图 1-101

- 类型：可以通过单击"像素图层过滤器"按钮 🖾 、"调整图层过滤器"按钮 ◑ 、"文字图层过滤器"按钮 T 、"形状图层过滤器"按钮 ◻ 和"智能对象过滤器"按钮 ⓑ 来搜索需要的图层类型。
- 名称：可以在右侧的框中输入图层名称来搜索图层。
- 效果：通过图层应用的图层样式来搜索图层。
- 模式：通过图层设定的混合模式来搜索图层。
- 属性：通过图层的可见性、锁定、链接、混合和蒙版等属性来搜索图层。
- 颜色：通过不同的图层颜色来搜索图层。
- 智能对象：通过图层中不同智能对象的链接方式来搜索图层。
- 选定：通过选定的图层来搜索图层。
- 画板：通过画板来搜索图层。

图层的混合模式 正常 ✕ ：用于设定图层的混合模式，共包含 27 种。

不透明度：用于设定图层的不透明度。

填充：用于设定图层的填充百分比。

眼睛图标 ◉ ：用于打开或隐藏图层中的内容。

锁链图标 ㏄ ：表示图层与图层之间的链接关系。

图标 T ：表示此图层为可编辑的文字层。

图标 fx ：表示为图层添加了样式。

在"图层"控制面板的上方有 5 个工具图标，如图 1-102 所示。

图 1-102

- 锁定透明像素 ⊠：用于锁定当前图层中的透明区域，使透明区域不能被编辑。
- 锁定图像像素 ✔：使当前图层和透明区域不能被编辑。
- 锁定位置 ✛：使当前图层不能被移动。
- 防止在画板和画框内外自动嵌套 ⏷：锁定画板在画布上的位置，阻止在画板内部或外部自动嵌套。
- 锁定全部 🔒：使当前图层或序列完全被锁定。

在"图层"控制面板的下方有 7 个工具按钮图标，如图 1-103 所示。

图 1-103

- 链接图层 ⊝：使所选图层和当前图层成为一组，当对一个链接图层进行操作时，将影响一组链接图层。
- 添加图层样式 *fx*：为当前图层添加图层样式。
- 添加图层蒙版 ▢：将在当前图层上创建一个蒙版。在图层蒙版中，黑色代表隐藏图像，白色代表显示图像。可以使用画笔等绘图工具对蒙版进行绘制，还可以将蒙版转换成选区。
- 创建新的填充或调整图层 ◐：可对图层进行颜色填充和效果调整。
- 创建新组 ▢：用于新建一个文件夹，可在其中放入图层。
- 创建新图层 ⊞：用于在当前图层的上方创建一个新图层。
- 删除图层 🗑：可以将不需要的图层拖曳到此处进行删除。

1.8.2 认识"图层"菜单

"图层"菜单用于对图层进行不同的操作。单击"图层"控制面板右上方的 ▤ 图标，弹出菜单，如图 1-104 所示。可以使用各种命令对图层进行操作，当选择不同的图层时，"图层"菜单的状态也可能不同，对图层不起作用的命令会显示为灰色。

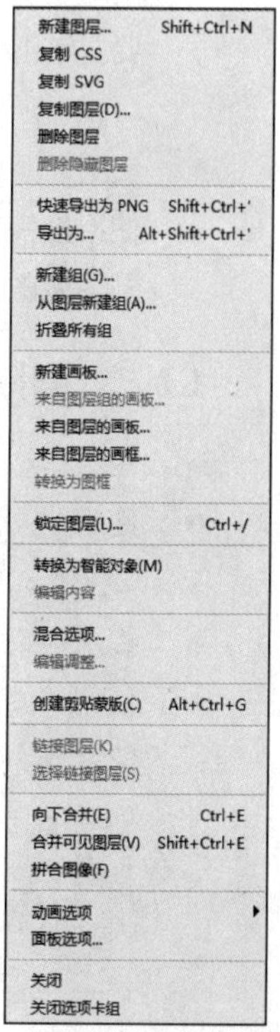

1.8.3 新建图层

新建图层有以下几种方法。

- 使用"图层"控制面板菜单。单击"图层"控制面板右上方的 ▤ 图标，在弹出的菜单中选择"新建图层"命令，系统将弹出"新建图层"对话框，如图 1-105 所示。

图 1-104

"名称"选项用于设定新图层的名称，可以选择与前一图层编组。勾选"使用前一图层创建剪贴蒙版"复选框，可以用前一图层创建剪贴蒙版。"颜色"选项可以设定新图层的颜色。"模式"选项用于设定当前图层的混合模式。"不透明度"选项用于设定当前图层的不透明度值。

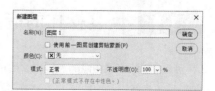

图 1-105

- 使用"图层"控制面板按钮或快捷键。单击"图层"控制面板中的"创建新图层"按钮 ⊞，可以创建一个新图层。按住 Alt 键，单击"图层"控制面板中的"创建新图层"按钮 ⊞，系统将弹出"新建图层"对话框。

- 使用"图层"菜单命令或快捷键。选择"图层 > 新建 > 图层"命令，或者按 Shift+Ctrl+N 组合键，系统将弹出"新建图层"对话框。

1.8.4 复制图层

复制图层有以下几种方法。

- 使用"图层"控制面板菜单。单击"图层"控制面板右上方的 ▤ 图标，在弹出的菜单中选择
"复制图层"命令，系统将弹出"复制图层"对话框，如图 1-106 所示。"为"选项用于设定复制图层的名称；"文档"选项用于设定复制图层的文件来源。

图 1-106

- 使用"图层"控制面板按钮。将"图层"控制面板中需要复制的图层拖曳到下方的"创建新图层"按钮 ⊞ 上，可以对所选的图层复制一个新图层。

- 使用"图层"菜单命令。选择"图层 > 复制图层"命令，系统将弹出"复制图层"对话框。

- 使用拖曳的方法复制不同图像之间的图层。打开目标图像和需要复制图层的图像。将需要复制图像的图层拖曳到目标图像的图层中，图层复制完成。

1.8.5 删除图层

删除图层有以下几种方法。

- 使用"图层"控制面板菜单。单击"图层"控制面板右上方的 ▤ 图标，在弹出的菜单中选择"删除图层"命令，系统将弹出提示对话框，如图 1-107 所示，单击"是"按钮，删除图层。

图 1-107

- 使用"图层"控制面板按钮。单击"图层"控制面板中的"删除图层"按钮 🗑，系统将弹出提示对话框，单击"是"按钮，删除图层。或将需要删除的图层拖曳到"删除图层"按钮 🗑 上，也可以删除该图层。

- 使用"图层"菜单命令。选择"图层 > 删除 > 图层"命令，系统将弹出提示对话框，单击"是"按钮，删除图层。选择"图层 > 删除 > 隐藏图层"命令，系统将弹出提示对话框，单击"是"按钮，删除隐藏的图层。

1.9 恢复操作的应用

在绘制和编辑图像的过程中，用户经常会错误地执行一个步骤或对制作的一系列效果不满意。当希望恢复到前一步或原来的图像效果时，就要用到恢复操作。

1.9.1 恢复到上一步的操作

在编辑图像的过程中可以随时将操作返回到上一步，也可以还原图像到恢复前的效果。
启用"还原"命令有以下两种方法。

- 选择"编辑 > 还原"命令。
- 按 Ctrl+Z 组合键，可以恢复到上一步的操作。如果想还原图像到恢复前的效果，再次按 Ctrl+Z 组合键即可。

1.9.2 中断操作

当 Photoshop 2020 正在进行图像处理时，按 Esc 键，即可中断正在进行的操作。

1.9.3 恢复到操作过程的任意步骤

在绘制和编辑图像的过程中，有时需要将操作恢复到某一个阶段。

1. 使用"历史记录"控制面板进行恢复

"历史记录"控制面板可以将进行过多次处理操作的图像恢复到任意一步操作的状态，即所谓的"多次恢复功能"。其系统默认值为恢复 20 次及 20 次以内的所有操作，但如果计算机的内存足够大的话，还可以将此值设置得更大一些。选择"窗口 > 历史记录"命令，系统将弹出"历史记录"控制面板，如图 1-108 所示。

在控制面板下方的按钮由左至右依次为"从当前状态创建新文档"按钮 ，、"创建新快照"按钮 和"删除当前状态"按钮 。此外，单击控制面板右上方的 图标，系统将弹出"历史记录"控制面板的菜单，如图 1-109 所示。

在"历史记录"控制面板中单击记录过程中的任意一个操作步骤，图像就会恢复到该操作步骤的效果。选择"历史记录"控制面板菜单中的"前进一步"命令或按 Ctrl+Shift+Z 组合键，可以向下移动一个操作步骤，选择"后退一步"命令或按 Ctrl+Alt+Z 组合键，可以向上移动一个操作步骤。

图 1-108

图 1-109

在"历史记录"控制面板中单击"创建新快照"按钮 ，可以将当前的图像保存为新快照，新快照可以在"历史记录"控制面板中的历史记录被清除后对图像进行恢复。在"历史记录"控制面板中单击"从当前状态创建新文档"按钮 ，可以为当前状态的图像或快照复制一个新的图像文件。在"历史记录"控制面板中单击"删除当前状态"按钮 ，可以对当前状态的图像或快照进行删除。

在"历史记录"控制面板的默认状态下，如果选择从中间操作步骤后进行图像的新操作，那么中间操作步骤后的所有步骤记录都会被删除。

2. 使用"历史记录画笔"工具进行恢复

"历史记录画笔"工具是与"历史记录"控制面板结合起来使用的，主要用于将图像的部分区域恢复到以前某一历史状态，以形成特殊的图像效果。

选择工具箱中的"历史记录画笔"工具 ，其属性栏如图 1-110 所示。在"历史记录画笔"工具属性栏中，"画笔预设"选项用于设定画笔，"模式"选项用于设定混合模式，"不透明度"选项用于设定不透明度，"流量"选项用于设定扩散的速度。

图 1-110

打开一张图片，为图片添加晶格化滤镜效果，效果如图 1-111 所示，在图像操作的过程中，在"历史记录"控制面板的画面中设置历史记录画笔，如图 1-112 所示。

图 1-111

图 1-112

如果想要恢复到设置历史记录画笔时的图像效果，如图 1-113 所示，选择"历史记录画笔"工具 ，在图像中拖曳，即可擦除图像，效果如图 1-114 所示。

图 1-113

图 1-114

第 2 章
图像处理基础知识

本章将详细讲解使用 Photoshop 2020 处理图像时，需要掌握的一些基础知识。读者要重点掌握图像文件的色彩模式、格式等知识。

课堂学习目标

- ✔ 了解像素的概念
- ✔ 了解位图和矢量图
- ✔ 了解不同的分辨率
- ✔ 熟悉图像的不同色彩模式
- ✔ 了解将 RGB 模式转换成 CMYK 模式的方法和时机
- ✔ 了解常用的图像文件格式

素养目标

- ✔ 培养学生对图像处理的兴趣

2.1　像素的概念

在 Photoshop 2020 中，像素是构成图像的基本单位。图像是由许多个小方块组成的，每一个小方块就是一个像素，每一个像素只显示一种颜色。它们都有明确的颜色和位置，这些小方块的颜色和位置就决定该图像所呈现的样子。文件包含的像素数越多，文件的容量就越大，图像品质就越好。

2.2　位图和矢量图

图像可以分为位图和矢量图两大类。在绘图或处理图像的过程中，这两种类型的图像可以相互交叉使用。

2.2.1　位图

位图是由许多具有不同颜色的小方块组成的，每一个小方块称为一个像素，每一个像素有一个明确的颜色。

位图采取点阵的方式，使每个像素都能够记录图像的色彩信息，因而可以精确地表现色彩丰富的图像。但图像的色彩越丰富，图像的像素数就越多，文件也就越大。因此，处理位图时，对计算机硬盘和内存的要求比较高。

位图与分辨率有关，如果以过高的倍数放大显示图像，或以过低的分辨率打印图像，图像都会出现锯齿状的边缘，并且会丢失细节，效果如图 2-1 和图 2-2 所示。

图 2-1

图 2-2

2.2.2 矢量图

矢量图是以数学的矢量方式来记录图像内容的。矢量图中的图形元素称为对象，每个对象都是独立的，具有各自的属性。矢量图由各种线条、曲线或文字组合而成，使用 Illustrator、CorelDRAW 等绘图软件制作的图形都是矢量图。

矢量图与分辨率无关，可以将它缩放到任意大小，其清晰度不变，也不会出现锯齿状的边缘。在任何分辨率下显示或打印矢量图，都不会丢失图像的细节，效果如图 2-3 和图 2-4 所示。矢量图的文件所占的容量虽较小，但这种图像的缺点是不易于制作色调丰富的画面，而且绘制出来的图形无法像位图那样精确地描绘各种绚丽的景象。

图 2-3

图 2-4

2.3　分辨率

分辨率是用于描述图像文件信息的术语，主要分为以下几种。

2.3.1 图像分辨率

在 Photoshop 2020 中，图像中每单位长度上的像素数，称为图像分辨率，其单位为像素/英寸或像素/厘米。

在相同尺寸的两幅图像中，高分辨率的图像包含的像素数比低分辨率的图像包含的像素数多。例如，一幅尺寸为 1 英寸×1 英寸的图像，其分辨率为 72 像素/英寸，这幅图像包含 5184 个像素（72×72＝5184）。同样尺寸、分辨率为 300 像素/英寸的图像，包含 90000 个像素。相同尺寸下，分辨率为 72 像素/英寸的图像效果如图 2-5 所示，分辨率为 10 像素/英寸的图像效果如图 2-6 所示。由此可见，在相同尺寸下，高分辨率的图像能更清晰地表现图像内容。

图 2-5

图 2-6

2.3.2 屏幕分辨率

屏幕分辨率是显示器上每单位长度显示的像素数或点的数目。屏幕分辨率的高低取决于显示器的大小及其像素设置。显示器分辨率一般为 72 像素/英寸。

2.3.3 输出分辨率

输出分辨率是照排机或激光打印机等输出设备产生的每英寸的油墨点数（dpi）。为获得好的效果，使用的图像分辨率应与输出分辨率成正比。

2.4 图像的色彩模式

Photoshop 2020 提供了多种色彩模式（颜色模式），这些色彩模式正是使作品能够在屏幕和印刷品上成功表现的重要保障。在这些色彩模式中，经常使用到的有 CMYK 模式、RGB 模式、Lab 模式以及 HSB 模式；另外，还有索引颜色模式、灰度模式、位图模式、双色调模式、多通道模式等。这些模式都可以在模式菜单下被选取。每种色彩模式都有不同的色域，并且各个色彩模式之间可以互相转换。下面将介绍主要的色彩模式。

2.4.1 CMYK 模式

C、M、Y、K 分别代表印刷上用的 4 种油墨色：C 代表青色，M 代表洋红色，Y 代表黄色，K 代表黑色。CMYK "颜色" 控制面板如图 2-7 所示。

CMYK 模式在印刷时应用了色彩学中的减法混合原理，所以又称减色模式，它是图片、插图和其他 Photoshop 2020 作品的印刷中常用的一种色彩模式。在印刷中通常要进行四色分色，出四色胶片，然后进行印刷。

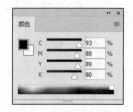

图 2-7

2.4.2 RGB 模式

与 CMYK 模式不同，RGB 模式是一种加色模式，它通过红、绿、蓝 3 种色光相叠加而形成更多的颜色。RGB 是色光的色彩模式，一幅 24 bit 的 RGB 模式图像有 3 个色彩信息的通道：红色（R）、绿色（G）和蓝色（B）。RGB"颜色"控制面板如图 2-8 所示。

　　每个通道都有 8 bit 的色彩信息———一个 0～255 的亮度值色域。也就是说，每一种色彩都有 256 个亮度水平级。3 种色彩相叠加，可以有 256×256×256≈1678 万种可能的颜色。这 1678 万种颜色足以表现出绚丽多彩的世界。在 Photoshop 2020 中编辑图像，RGB 模式应是较佳的选择。

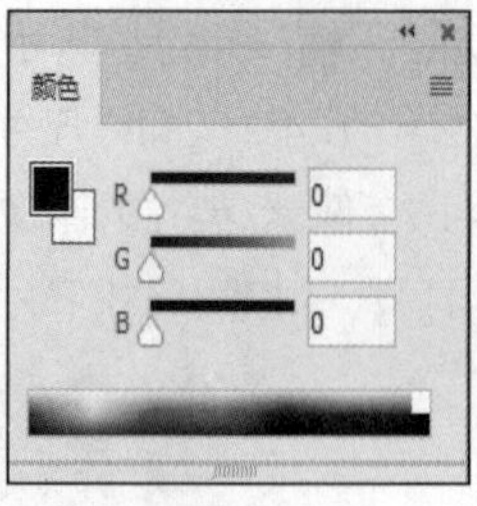

图 2-8

2.4.3　Lab 模式

　　Lab 模式是一种国际色彩标准模式。它由 3 个通道组成：一个通道是明度，用 L 表示；其他两个是色彩通道，即色相与饱和度，分别用 a 和 b 表示。a 通道包括的颜色值从深绿到灰，再到亮粉红色；b 通道包括的颜色值从亮蓝色到灰，再到焦黄色。

2.4.4　HSB 模式

　　HSB 模式只有在颜色吸取窗口中才会出现。H 代表色相，S 代表饱和度，B 代表亮度。色相的意思是纯色，即组成可见光谱的单色。红色为 0 度，绿色为 120 度，蓝色为 240 度。饱和度代表色彩的纯度。饱和度为 0 时即表示灰色，黑、白、灰 3 种色彩没有饱和度。亮度是色彩的明亮程度。最大亮度对应色彩最鲜明的状态。黑色的亮度为 0。

2.4.5　索引颜色模式

　　在索引颜色模式下，最多只能存储一个 8 位色彩深度的文件，即 256 种颜色。这 256 种颜色存储在可以查看的色彩对照表中。当打开图像文件时，色彩对照表也一同被读入 Photoshop 2020 中。使用 Photoshop 2020 时能在色彩对照表中找出最终的色彩值。

2.4.6　灰度模式

　　在灰度模式下，每个像素用 8 个二进制位表示，能产生 2 的 8 次方即 256 级灰色调。当一个彩色模式文件被转换为灰度模式文件时，所有的颜色信息都将丢失。尽管 Photoshop 2020 允许将灰度模式文件转换为彩色模式文件，但不可能将原来的颜色完全还原。所以，当要转换为灰度模式时，应先做好图像的备份。

　　像黑白图像一样，灰度模式的图像（灰度图像）只有明暗值，没有色相与饱和度这两种颜色信息。0% 代表白，100% 代表黑。将彩色模式转换为双色调模式或位图模式时，必须先转换为灰度模式，然后由灰度模式转换为双色调模式或位图模式。

2.4.7　位图模式

　　位图模式为黑白位图模式。位图模式是由黑、白两种像素组成的图像，它通过组合不同大小的点，产生一定的灰度级阴影。使用位图模式可以更好地设定网点的大小、形状和角度，更完善地控制灰度图像的打印。

2.4.8　双色调模式

　　双色调模式是用一种灰色油墨或彩色油墨来渲染一个灰度图像的模式。在这种模式中，最多可以向灰度图像中添加 4 种颜色。这样，就可以打印出比单纯灰度图像更有趣的图像。

2.4.9　多通道模式

多通道模式是由其他色彩模式转换而来的。不同的色彩模式转换后将产生不同的通道数。

2.5　RGB 模式转换 CMYK 模式

如果已经用 Photoshop 2020 完成了作品，并要印刷，这时必须将作品模式转换成 CMYK 模式来分色（除非使用少数无法将 CMYK 档案印出的彩色发片机）。

在制作过程中，将作品模式转换成 CMYK 模式可以在以下几个不同的阶段来完成。

● 在新建文件时选择 CMYK 模式。可以在建立一个新的 Photoshop 2020 图像文件时就选择 CMYK 模式，如图 2-9 所示。

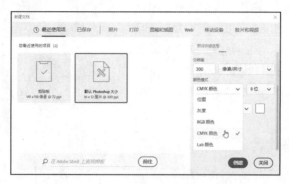

图 2-9

● 让发片部门分色。可以在制作过程中一直使用 RGB 模式，并将其置入排版软件中，让发片部门按照版面编排或分色的公用程式来分色。

● 在制作过程中选择 CMYK 模式。可以在制作过程中，随时从"图像"菜单下的"模式"子菜单中选取"CMYK 颜色"模式。但是一定要注意，在文件转换模式后，就无法再从"模式"子菜单中选 RGB 模式变回原来的 RGB 模式了。因为在 RGB 模式转换成 CMYK 模式时，色域外的颜色会变暗，这样才会使整个文件成为可以印刷的文件。因此，在将 RGB 模式转换成 CMYK 模式之前，可以在"视窗"菜单下的"校验设置"子菜单中选择"工作中的 CMYK"命令，预览一下转换成 CMYK 模式后的效果，如果不满意，还可以对图像进行调整。

2.6　常用的图像文件格式

用 Photoshop 2020 制作或处理好一幅图像后，就要对其进行保存。这时，选择一种合适的文件格式就显得十分重要。Photoshop 2020 中有多种文件格式可供选择。在这些文件格式中，既有 Photoshop 2020 的专用文件格式，也有用于应用程序交换的文件格式，还有一些比较特殊的文件格式。

2.6.1　PSD 格式和 PDD 格式

PSD 格式和 PDD 格式是 Photoshop 2020 自身的专用文件格式，但由于在一些图形程序中没有得到很好的支持，所以其通用性不强。PSD 格式和 PDD 格式能够保存图像数据的细节部分，如图层、附加的遮膜通道等 Photoshop 2020 对图像进行特殊处理的信息。在没有最终决定图像的存储格式前，最好先以这两种格式存储。另外，用 Photoshop 2020 打开和保存这两种格式的文件较其他格式的更快。但是这两种格式也有缺点，就是它们所存储的图像文件特别大，占用磁盘空间较大。

2.6.2　TIFF 格式

TIFF 格式是标记图像文件格式。TIFF 格式对于色彩通道图像来说是十分有用的格式，具有很强的可移植性，它可以用于 PC、Mac 及 UNIX 工作站三大平台，是这三大平台上使用十分广泛的格式。保存文件时可在图 2-10 所示的对话框中进行选择。

用 TIFF 格式存储时应考虑文件的大小，因为 TIFF 格式的结构要比其他格式的更大、更复杂。但 TIFF 格式支持 24 个通道，能存储多于 4 个通道的文件。TIFF 格式还允许使用 Photoshop 2020 中的复杂工具和滤镜特效。TIFF 格式非常适用于印刷和输出。

图 2-10

2.6.3　Targa 格式

Targa 格式与 TIFF 格式相同，都可用来处理高质量的色彩通道图像。Targa 格式存储选择对话框如图 2-11 所示。Targa 格式支持 32 位图像，它吸收了广播电视标准的优点，包括 8 位 Alpha 通道。另外，这种格式使 Photoshop 2020 和 UNIX 工作站相互交换图像文件成为可能。

图 2-11

2.6.4　BMP 格式

BMP 格式可以用于 Windows 下的绝大多数应用程序。BMP 格式存储选择对话框如图 2-12 所示。

BMP 格式的图像具有极其丰富的色彩，并可以使用 16 MB 色彩渲染图像。BMP 格式能够存储黑白图像、灰度图像和 16 MB 色彩的 RGB 图像等。此格式一般在多媒体演示、视频输出等情况下使用，但不能在 Mac 程序中使用。在存储 BMP 格式的图像文件时，还可以进行无损失压缩，以节省磁盘空间。

图 2-12

2.6.5　GIF 格式

GIF 格式的文件比较小，是一种压缩的 8 位图像文件。因此，一般用 GIF 格式的文件来缩短图形的加载时间。如果在网络中传送图像文件，GIF 格式的图像文件的传送速度要比其他格式的图像文件的快得多。

2.6.6 JPEG 格式

JPEG 格式既是 Photoshop 2020 支持的一种文件格式，也是一种压缩方案。它是 Mac 上常用的一种存储类型。JPEG 格式是压缩格式中的"佼佼者"，与 TIFF 格式采用的 LIW 无损失压缩相比，它的压缩比例更大。但它使用的有损失压缩会导致损失部分数据。用户可以在存储前选择图像的最后质量，这样就能控制数据的损失程度了。JPEG 格式存储选择对话框如图 2-13 所示。

图 2-13

在对话框中，单击"品质"下拉列表框，可以选择低、中、高和最佳 4 种图像压缩品质。以最佳品质保存图像比以其他品质的保存形式占用更大的磁盘空间；而选择低品质保存图像会损失较多的数据，但占用的磁盘空间较小。

2.6.7 EPS 格式

EPS 格式是可在 Illustrator 和 Photoshop 2020 之间进行交换的文件格式。Illustrator 制作出来的流动曲线、简单图形和专业图像一般都被存储为 EPS 格式。Photoshop 2020 可以处理这种格式的文件。在 Photoshop 2020 中，也可以把其他图像文件存储为 EPS 格式，供如排版类的 PageMaker 和绘图类的 Illustrator 等其他软件使用。EPS 格式存储选择对话框如图 2-14 所示。

图 2-14

2.6.8 PNG 格式

PNG 格式是用于无损失压缩和在 Web 上显示图像的文件格式，是 GIF 格式的无专利替代品，它支持 24 位图像且能产生无锯齿状边缘的背景透明度。某些 Web 浏览器不支持 PNG 格式图像。PNG 格式存储选择对话框如图 2-15 所示。

图 2-15

2.6.9 图像文件存储格式的选择

可以根据工作任务的需要对图像文件进行保存，下面就根据图像的不同用途介绍一下它们应该存储的格式。

（1）用于印刷：TIFF、EPS。

（2）作为 Internet 图像：GIF、JPEG、PNG。

（3）用于 Photoshop 2020 工作：PSD、PDD、TIFF。

第3章
绘制和编辑选区

本章将详细讲解 Photoshop 2020 的绘制和编辑选区功能，对各种选区工具的使用方法和使用技巧进行细致的说明。读者通过本章的学习，要能熟练应用 Photoshop 2020 的选区工具绘制需要的选区，并能应用选区的操作技巧编辑选区。

课堂学习目标

- ✓ 了解选区工具的使用
- ✓ 掌握选区的操作技巧

素养目标

- ✓ 提高学生的手眼协调能力
- ✓ 培养学生细致的工作作风
- ✓ 加深学生对中式美学的认识

3.1 选区工具的使用

要想对图像进行编辑，首先要进行选择图像的操作。能够快捷、精确地选择图像，是提高图像处理效率的关键。

3.1.1 选框工具的使用

使用选框工具可以在图像或图层中绘制规则的选区，选取规则的图像。下面将具体介绍选框工具的使用方法和操作技巧。

1. 矩形选框工具

使用"矩形选框"工具可以在图像或图层中绘制矩形选区。启用"矩形选框"工具 ⊡ 有以下两种方法。

- ● 单击工具箱中的"矩形选框"工具 ⊡ 。
- ● 按 M 键或反复按 Shift+M 组合键。

启用"矩形选框"工具 □，其属性栏如图 3-1 所示。在"矩形选框"工具属性栏中，▣ 🗗 🗗 🗗 为选择选区方式选项。"新选区"按钮▣用于绘制新选区。"添加到选区"按钮🗗用于在原有选区的基础上增加新选区。"从选区减去"按钮🗗用于在原有选区的基础上减去新选区的部分。"与选区交叉"按钮🗗用于选择新、旧选区重叠的部分。

图 3-1

"羽化"选项用于设定选区边界的羽化程度。"消除锯齿"选项用于消除选区边缘的锯齿。"样式"选项用于设定类型：①"正常"选项为标准类型；②"固定比例"选项用于设定固定比例；③"固定大小"选项用于设定固定尺寸。"宽度"和"高度"选项分别用来设定选区的宽度和高度。

"矩形选框"工具的使用方法如下。

（1）绘制矩形选区。启用"矩形选框"工具 □，在图像中适当的位置按住鼠标左键，拖曳绘制出需要的选区，松开鼠标左键，矩形选区绘制完成，效果如图 3-2 所示。

按住 Shift 键的同时，在图像中拖曳可以绘制出正方形的选区，效果如图 3-3 所示。

图 3-2　　　　　　　　　　图 3-3

（2）设置矩形选区的羽化值。羽化值为"0 像素"的"矩形选框"工具属性栏如图 3-4 所示，绘制出选区，按住 Alt + Backspace（或 Delete）组合键，用前景色填充选区，效果如图 3-5 所示。

图 3-4

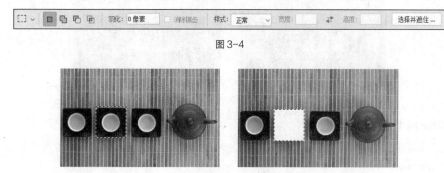

图 3-5

设定羽化值为"10 像素"后的"矩形选框"工具属性栏如图 3-6 所示，绘制出选区，按住 Alt+Backspace（或 Delete）组合键，用前景色填充选区，效果如图 3-7 所示。

图 3-6

图 3-7

（3）设置矩形选区的比例。在"矩形选框"工具属性栏中，在"样式"下拉列表框中选择"固定比例"，在"宽度"和"高度"文本框中输入数值，如图 3-8 所示。单击"高度和宽度互换"按钮 ⇄，可以快捷地将宽度和高度的比例数值互换。绘制固定比例的选区和互换选区宽、高比例后的选区效果如图 3-9 所示。

图 3-8

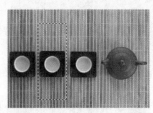

图 3-9

（4）设置固定尺寸的矩形选区。在"矩形选框"工具属性栏中，在"样式"下拉列表框中选择"固定大小"，在"宽度"和"高度"文本框中输入数值，如图 3-10 所示。单击"高度和宽度互换"按钮 ⇄，可以快捷地将宽度和高度的数值互换。绘制固定大小的选区和互换选区的宽、高数值后的效果如图 3-11 所示。

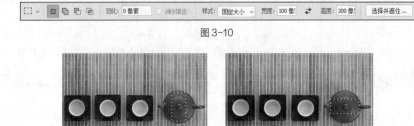

图 3-10

图 3-11

2. 椭圆选框工具

使用"椭圆选框"工具可以在图像或图层中绘制出圆形选区或椭圆选区。启用"椭圆选框"工具 ○ 有以下两种方法。

- 单击工具箱中的"椭圆选框"工具 ○ 。
- 反复按 Shift+M 组合键。

启用"椭圆选框"工具 ○ ，"椭圆选框"工具属性栏如图 3-12 所示。

图 3-12

绘制椭圆选区：启用"椭圆选框"工具 ○，在图像中适当的位置按住鼠标左键，拖曳绘制出需要的选区，松开鼠标左键，椭圆选区绘制完成，效果如图 3-13 所示。

按住 Shift 键的同时，在图像中拖曳可以绘制出圆形的选区，效果如图 3-14 所示。

图 3-13   图 3-14

3. 单行选框工具

使用"单行选框"工具可以在图像或图层中绘制出 1 个像素高的横线区域。它主要用于修复图像中丢失的像素线。

启用"单行选框"工具 ═，其属性栏如图 3-15 所示，绘制选区后，效果如图 3-16 所示。

图 3-15   图 3-16

4. 单列选框工具

使用"单列选框"工具可以在图像或图层中绘制出 1 个像素宽的竖线区域。它主要用于修复图像中丢失的像素线。

启用"单列选框"工具 ║，其属性栏如图 3-17 所示，绘制选区后，效果如图 3-18 所示。

图 3-17   图 3-18

3.1.2 套索工具的使用

使用"套索"工具可以在图像或图层中绘制不规则形状的选区，选取不规则形状的图像。下面将具体介绍"套索"工具的使用方法和操作技巧。

1. 套索工具

使用"套索"工具可以选取不规则形状的图像。启用"套索"工具 ○ 有以下两种方法。

● 单击工具箱中的"套索"工具 ○。

- 反复按 Shift+L 组合键。

启用"套索"工具 ◯，，其属性栏如图 3-19 所示。在"套索"工具属性栏中， ▣ ▣ ▣ ▣ 用于确定选择方式，"羽化"选项用于设定选区边缘的羽化程度，"消除锯齿"选项用于消除选区边缘的锯齿。

图 3-19

绘制不规则选区：启用"套索"工具 ◯，，在图像中适当的位置按住鼠标左键，拖曳绘制出需要的选区，效果如图 3-20 所示。松开鼠标左键，选区会自动封闭，效果如图 3-21 所示。

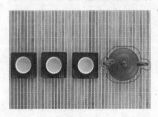

图 3-20   图 3-21

2. 多边形套索工具

使用"多边形套索"工具可以选取不规则的多边形图像。启用"多边形套索"工具 ▷，有以下两种方法。

- 单击工具箱中的"多边形套索"工具 ▷，。
- 反复按 Shift+L 组合键。

"多边形套索"工具属性栏中的选项内容与"套索"工具属性栏中的选项内容相同。

绘制多边形选区：启用"多边形套索"工具 ▷，，在图像中单击设置所选区域的起点，如图 3-22 所示，接着单击设置选区的其他点。将鼠标指针移回到起点，鼠标指针由"多边形套索"工具图标 ▷ 变为图标 ▷，，如图 3-23 所示。单击即可封闭选区，效果如图 3-24 所示。

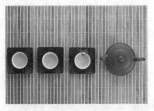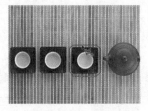

图 3-22   图 3-23   图 3-24

3. 磁性套索工具

使用"磁性套索"工具可以选取不规则的并与背景反差大的图像。启用"磁性套索"工具 ▷，有以下两种方法。

- 单击工具箱中的"磁性套索"工具 ▷，。
- 反复按 Shift+L 组合键。

启用"磁性套索"工具 ▷，，其属性栏如图 3-25 所示。

图 3-25

在"磁性套索"工具属性栏中，"宽度"选项用于设定套索检测范围，"磁性套索"工具将在这个范围内选取反差最大的边缘；"对比度"选项用于设定选取边缘的灵敏度，数值越大，则要求边缘与背景的反差越大；"频率"选项用于设定选区点的速率，数值越大，标记速度越快，标记点越多；"使用绘图板压力以更改钢笔宽度"按钮 ✍ 用于设定专用绘图板的笔刷压力。

根据图像形状绘制选区：启用"磁性套索"工具 ➢，在图像中适当的位置按住鼠标左键，根据选取图像的形状拖曳，选取图像的磁性轨迹会紧贴图像的内容，如图 3-26 所示，将鼠标指针移回到起点，如图 3-27 所示，单击即可封闭选区，效果如图 3-28 所示。

图 3-26

图 3-27

图 3-28

3.1.3 魔棒工具的使用

"魔棒"工具可以用来选取图像中的某一点，并将与这一点颜色相同或相近的点自动融入选区中。启用"魔棒"工具 ✐ 有以下两种方法。

● 单击工具箱中的"魔棒"工具 ✐。
● 反复按 Shift+W 组合键。

启用"魔棒"工具 ✐，其属性栏如图 3-29 所示。

图 3-29

在"魔棒"工具属性栏中，"取样大小"选项用于设置取样范围的大小。"容差"选项用于控制色彩的范围，数值越大，可容许的色彩范围越大。"消除锯齿"选项用于消除选区边缘的锯齿。"连续"选项用于设定单独的色彩范围。"对所有图层取样"选项用于将所有可见图层中颜色容许范围内的色彩加入选区。

使用"魔棒"工具绘制选区：启用"魔棒"工具 ✐，在图像中单击需要选择的颜色区域，即可得到需要的选区。调整"魔棒"工具属性栏中的容差值，再次单击需要选择的颜色区域，不同容差值的选区效果分别如图 3-30 和图 3-31 所示。

图 3-30

图 3-31

3.1.4　对象选择工具的使用

使用"对象选择"工具可以在选定的区域内查找并自动选择一个对象。

启用"对象选择"工具 ⬛，其属性栏如图 3-32 所示。

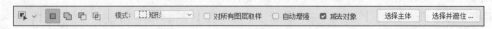

图 3-32

在"对象选择"工具属性栏中，"模式"选项用于设定"矩形"或"套索"选取模式，"减去对象"选项用于在选定的区域内查找并自动减去对象。

使用"对象选择"工具绘制选区：打开一幅图像，效果如图 3-33 所示。在主体周围绘制选区，如图 3-34 所示，主体周围生成选区，效果如图 3-35 所示。

图 3-33　　　　　　　　　　图 3-34　　　　　　　　　　图 3-35

选中"对象选择"工具属性栏中的"从选区减去"按钮 ⬛，保持勾选"减去对象"复选框，在图像中绘制选区，如图 3-36 所示，减去后的选区如图 3-37 所示；取消勾选"减去对象"复选框，在图像中绘制选区，减去后的选区如图 3-38 所示。

图 3-36　　　　　　　　　　图 3-37　　　　　　　　　　图 3-38

3.1.5　课堂案例——制作家居装饰类电商 Banner

【案例学习目标】学习使用不同的选区工具来选择不同外形的装饰摆件。

【案例知识要点】使用"椭圆选框"工具、"矩形选框"工具抠取时钟和画框，使用"磁性套索"工具、"从选区减去"按钮抠取绿植，使用"移动"工具合成图像。最终效果如图 3-39 所示。

图 3-39

制作家居装饰类
电商 Banner

【效果文件位置】云盘\Ch03\效果\制作家居装饰类电商 Banner.psd。

（1）打开 Photoshop 2020，按 Ctrl+O 组合键，打开云盘中的"Ch03 > 素材 > 制作家居装饰类电商 Banner > 01、02"文件，效果如图 3-40 和图 3-41 所示。

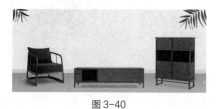

图 3-40　　　　　　　　　　　　　　　　　　　图 3-41

（2）选择"椭圆选框"工具 ⬭，在"02"图像窗口中，按住 Alt+Shift 组合键的同时，以时钟中心为中点拖曳绘制圆形选区，如图 3-42 所示。

（3）选择"移动"工具 ⊕，将选区中的图像拖曳到"01"图像窗口中适当的位置，效果如图 3-43 所示，在"图层"控制面板中生成新的图层并将其命名为"时钟"。

图 3-42　　　　　　　　　　　　　　　　　　　图 3-43

（4）单击"图层"控制面板下方的"添加图层样式"按钮 fx，在弹出的菜单中选择"投影"命令，在弹出的对话框中进行设置，如图 3-44 所示。单击"确定"按钮，效果如图 3-45 所示。

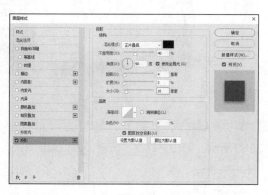

图 3-44　　　　　　　　　　　　　　　　　　　图 3-45

（5）按 Ctrl+O 组合键，打开云盘中的"Ch03 > 素材 > 制作家居装饰类电商 Banner > 03"文件，效果如图 3-46 所示。选择"磁性套索"工具 ⫘，在"03"图像窗口中沿着绿植图像边缘拖曳，"磁性套索"工具的磁性轨迹会紧贴图像的轮廓，如图 3-47 所示，将鼠标指针移回到起点，如图 3-48 所示。单击封闭选区，效果如图 3-49 所示。

（6）使用"磁性套索"工具 ⫘，在其属性栏中单击"从选区减去"按钮 ◰，在已有选区上继续绘制，减去空白区域，效果如图 3-50 所示。选择"移动"工具 ⊕，将选区中的图像拖曳到"01"图像窗口中适当的位置，效果如图 3-51 所示，在"图层"控制面板中生成新的图层并将其命名为"绿植"。

图 3-46　　　图 3-47　　　图 3-48　　　图 3-49　　　图 3-50　　　图 3-51

（7）按 Ctrl+O 组合键，打开云盘中的"Ch03 > 素材 > 制作家居装饰类电商 Banner > 04"文件。选择"移动"工具 ⊕，将花瓶图像拖曳到图像窗口中适当的位置，效果如图 3-52 所示，在"图层"控制面板中生成新的图层并将其命名为"花瓶"。

（8）按 Ctrl+O 组合键，打开云盘中的"Ch03 > 素材 > 制作家居装饰类电商 Banner > 05"文件，效果如图 3-53 所示。

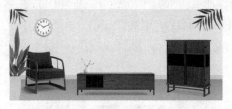

图 3-52　　　　　　　　　　　　　　　图 3-53

（9）选择"矩形选框"工具 □，在"05"图像窗口中沿着画框边缘拖曳绘制矩形选区，如图 3-54 所示。选择"移动"工具 ⊕，将选区中的图像拖曳到"01"图像窗口中适当的位置，效果如图 3-55 所示，在"图层"控制面板中生成新的图层并将其命名为"画框"。

图 3-54　　　　　　　　　　　　　　　图 3-55

（10）单击"图层"控制面板下方的"添加图层样式"按钮 fx，在弹出的菜单中选择"投影"命令，在弹出的对话框中进行设置，如图 3-56 所示。单击"确定"按钮，效果如图 3-57 所示。

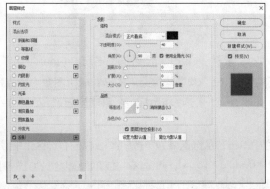

图 3-56　　　　　　　　　　　　　　　图 3-57

（11）单击"图层"控制面板下方的"创建新的填充或调整图层"按钮 ，在弹出的菜单中选择"色相/饱和度"命令，在"图层"控制面板中生成"色相/饱和度 1"图层，同时弹出"色相/饱和度"面板。单击"此调整影响下面的所有图层"按钮 使其显示为"此调整剪切到此图层"按钮 ，其他选项的设置如图 3-58 所示。按 Enter 键确定操作，图像效果如图 3-59 所示。

图 3-58   图 3-59

（12）按 Ctrl+O 组合键，打开云盘中的"Ch03 > 素材 > 制作家居装饰类电商 Banner > 06"文件，选择"移动"工具 ，将广告文字拖曳到图像窗口中适当的位置，效果如图 3-60 所示，在"图层"控制面板中生成新的图层并将其命名为"文字"。至此，家居装饰类电商 Banner 制作完成。

图 3-60

3.2　选区的操作技巧

如果想在 Photoshop 2020 中灵活自如地编辑和处理图像，就必须掌握选区的操作技巧。

3.2.1　移动选区

使用选区工具选择图像的区域后，在其属性栏中的"新选区"按钮 被选择的状态下，将鼠标指针放在选区中，鼠标指针就会显示成"移动选区"的图标 。

移动选区有以下两种方法。

● 使用鼠标移动选区。打开一幅图像，选择"矩形选框"工具 ，绘制出选区，将鼠标指针放置到选区中，鼠标指针变成"移动选区"图标 ，如图 3-61 所示。按住鼠标左键拖曳，鼠标指针如图 3-62 所示。将选区拖曳到适当的位置后，松开鼠标左键，即可完成选区的移动，效果如图 3-63 所示。

图 3-61

图 3-62

图 3-63

● 使用键盘移动选区。当使用"矩形选框"工具 ⬚ 或"椭圆选框"工具 ⬭ 绘制出选区后，不要松开鼠标左键，同时按住 Spacebar（空格）键并拖曳，即可移动选区。

绘制出选区后，使用方向键，可以将选区沿各方向移动 1 个像素；使用 Shift+方向组合键，可以将选区沿各方向移动 10 个像素。

3.2.2 调整选区

选择完图像的区域后，还可以进行增加选区、减小选区、相交选区等操作。

1. 使用快捷键调整选区

● 增加选区。打开一幅图像，选择"矩形选框"工具 ⬚ 绘制出选区，如图 3-64 所示。再选择"椭圆选框"工具 ⬭，按住 Shift 键，绘制出要增加的圆形选区，如图 3-65 所示。增加后的选区效果如图 3-66 所示。

图 3-64

图 3-65

图 3-66

● 减去选区。打开一幅图像，选择"矩形选框"工具 ⬚ 绘制出选区，如图 3-67 所示。再选择"椭圆选框"工具 ⬭，按住 Alt 键，绘制出要减去的椭圆选区，如图 3-68 所示。减去后的选区效果如图 3-69 所示。

图 3-67

图 3-68

图 3-69

● 相交选区。打开一幅图像，选择"矩形选框"工具 ⬚ 绘制出选区，如图 3-70 所示。再选择"椭圆选框"工具 ⬭，按住 Shift+Alt 组合键，绘制出椭圆选区，如图 3-71 所示。相交后的选区效果如图 3-72 所示。

● 取消选区。按 Ctrl+D 组合键，可以取消选区。

图 3-70

图 3-71

图 3-72

- 反选选区。按 Shift+Ctrl+I 组合键，可以对当前的选区进行反向选取，如图 3-73 所示。

图 3-73

- 全选图像。按 Ctrl+A 组合键，可以选择全部图像。
- 隐藏选区。按 Ctrl+H 组合键，可以隐藏选区。再次按 Ctrl+H 组合键，可以恢复显示选区。

2. 使用工具属性栏调整选区

在选区工具的属性栏中，为选择选区方式选项。选择"新选区"按钮可以去除旧选区，绘制新选区；选择"添加到选区"按钮可以在原有选区的基础上增加新的选区；选择"从选区减去"按钮可以在原有选区的基础上减去新的选区；选择"与选区交叉"按钮可以选择新、旧选区重叠的部分。

3. 使用菜单调整选区

在"选择"菜单下选择"全选""取消选择""反选"命令，分别可以对图像选区进行全部选择、取消选择和反向选择的操作。

选择"选择 > 修改"命令，系统将弹出菜单，如图 3-74 所示。

- "边界"命令：用于修改选区的边缘。打开一幅图像，绘制好选区，如图 3-75 所示。选择菜单中的"边界"命令，弹出"边界选区"对话框，按图 3-76 所示进行设定。单击"确定"按钮，边界效果如图 3-77 所示。

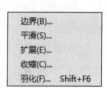
图 3-74

图 3-75

图 3-76

图 3-77

- "平滑"命令：可以通过增加或减少选区边缘的像素数量来平滑边缘，选择菜单中的"平滑"命令，弹出"平滑选区"对话框，如图 3-78 所示。
- "扩展"命令：用于扩充选区的像素数量，其扩充的像素数量通过图 3-79 所示的"扩展选区"对话框确定。
- "收缩"命令：用于收缩选区的像素数量，其收缩的像素数量通过图 3-80 所示的"收缩选区"对话框确定。

图 3-78　　　　　　　　　　图 3-79　　　　　　　　　　图 3-80

在"选择"菜单下选择"扩大选取"命令，可以将图像中一些连续的、色彩相近的像素扩充到选区内。扩大选取的数值是根据"魔棒"工具设置的容差值决定的。

在"选择"菜单下选择"选取相似"命令，可以将图像中一些不连续的、色彩相近的像素扩充到选区内。选取相似的数值是根据"魔棒"工具设置的容差值决定的。

打开一幅图像，在"魔棒"工具属性栏中将容差值设定为 32，使用"魔棒"工具 绘制出选区，如图 3-81 所示，选择"选择 > 扩大选取"命令后的效果如图 3-82 所示，选择"选择 > 选取相似"命令后的效果如图 3-83 所示。

图 3-81　　　　　　　　　　图 3-82　　　　　　　　　　图 3-83

3.2.3　羽化选区

羽化选区可以使图像产生柔和的效果。通过以下的方法可以设置选区的羽化值。

图 3-84

选择"选择 > 修改 > 羽化"命令，或按 Shift+F6 组合键，弹出"羽化选区"对话框，如图 3-84 所示。

使用选区工具前，在该工具的属性栏中设置羽化半径的值。

3.2.4　课堂案例——制作沙发详情页主图

【案例学习目标】学习使用"矩形选框"工具绘制选区，并使用"羽化"命令制作出需要的效果。

【案例知识要点】使用"矩形选框"工具、"变换选区"命令、"羽化"命令等制作商品投影，使用"移动"工具添加装饰图片和文字。最终效果如图 3-85 所示。

图 3-85

制作沙发详情页主图

【效果文件位置】云盘\Ch03\效果\制作沙发详情页主图.psd。

（1）打开 Photoshop 2020，按 Ctrl+O 组合键，打开云盘中的"Ch03>素材 > 制作沙发详情页主图 > 01、02"文件，"01"图片如图 3-86 所示。选择"移动"工具 ✛，将"02"图片拖曳到"01"图像窗口中适当的位置，效果如图 3-87 所示，在"图层"控制面板中生成新的图层并将其命名为"沙发"。选择"矩形选框"工具 □，在图像窗口中拖曳绘制矩形选区，如图 3-88 所示。

（2）选择"选择 > 变换选区"命令，在选区周围出现控制手柄，如图 3-89 所示。按住 Ctrl 键的同时，拖曳左上角的控制手柄到适当的位置，如图 3-90 所示。使用相同的方法调整其他控制手柄，如图 3-91 所示。

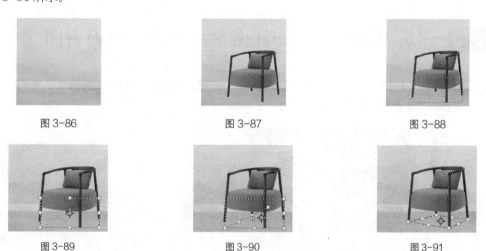

图 3-86   图 3-87   图 3-88

图 3-89   图 3-90   图 3-91

（3）选区变换完成后，按 Enter 键确定操作，效果如图 3-92 所示。按 Shift+F6 组合键，弹出"羽化选区"对话框，选项的设置如图 3-93 所示。单击"确定"按钮，效果如图 3-94 所示。

（4）按住 Ctrl 键的同时，单击"图层"控制面板下方的"创建新图层"按钮 ▣，在"沙发"图层下方新建图层并将其命名为"投影"。将前景色设为灰色（181、181、181）。按 Alt+Delete 组合键，用前景色填充选区。按 Ctrl+D 组合键，取消选区，效果如图 3-95 所示。

图 3-92   图 3-93   图 3-94   图 3-95

（5）在"图层"控制面板上方，将"投影"图层的"混合模式"选项设为"正片叠底"，"不透明度"选项设为 70%，如图 3-96 所示。按 Enter 键确定操作，图像效果如图 3-97 所示。

（6）选中"沙发"图层。按 Ctrl+O 组合键，打开云盘中的"Ch03 > 素材 > 制作沙发详情页主图 > 03、04"文件。选择"移动"工具 ✛，分别将"03""04"图片拖曳到"01"图像窗口中适当的位置，图像效果如图 3-98 所示，在"图层"控制面板中分别生成新的图层并将其命名为"装饰画""文字"，如图 3-99 所示。至此，沙发详情页主图制作完成。

图 3-96

图 3-97

图 3-98

图 3-99

课后习题——制作江南水乡公众号封面首图

【习题知识要点】使用"魔棒"工具选取背景，使用"色相/饱和度"命令调整图像亮度，使用"移动"工具更换天空和移动图像。最终效果如图 3-100 所示。

图 3-100

制作江南水乡公众号
封面首图

【效果文件位置】云盘\Ch03\效果\制作江南水乡公众号封面首图.psd。

第4章
绘制和修饰图像

本章将详细介绍 Photoshop 2020 绘制、修饰以及填充图像的功能。读者通过本章的学习，应了解和掌握绘制和修饰图像的基本方法和操作技巧。只有将绘制和修饰图像的各种功能和效果应用到实际的设计制作任务中，才能真正做到学有所用。

课堂学习目标

- ✔ 熟练掌握绘图工具的使用方法
- ✔ 熟练掌握修图工具的使用方法
- ✔ 熟练掌握填充工具的使用方法

素养目标

- ✔ 提高学生的审美水平
- ✔ 培养学生学以致用的能力

4.1 绘图工具的使用

使用绘图工具可以在空白的图像中画出图画，也可以对已有图像进行再创作。掌握好绘图工具可以使设计作品更精彩。

4.1.1 画笔工具的使用

使用"画笔"工具可以模拟画笔在图像或选区中进行绘制。

1. 画笔工具

启用"画笔"工具 ✎ 有以下两种方法。

● 单击工具箱中的"画笔"工具 ✎。

● 反复按 Shift+B 组合键。

启用"画笔"工具 ✎，其属性栏如图 4-1 所示。

| ✎ ∨ | ⦿ ∨ | ⧄ | 模式: | 正常 | ∨ | 不透明度: 100% ∨ | ⦶ | 流量: 100% ∨ | ⦶ | 平滑: 10% ∨ | ✿ | ⊿ 0° | ⦶ | ⊠ |

图 4-1

在"画笔"工具属性栏中，"画笔预设" 选项用于设定画笔；"切换'画笔设置'面板"按钮 用于切换至"画笔设置"控制面板；"模式"选项用于设定绘画颜色与下面现有像素的混合模式。"不透明度"选项可以设定画笔的不透明度；"流量"选项用于设定喷枪压力，压力越大，喷色越浓；"启用喷枪样式的建立效果"按钮 用于启用喷枪功能；"平滑"选项用于设置画笔边缘的平滑度；"平滑选项"按钮 用于设置其他平滑度选项；"设置画笔角度" 选项用于设置画笔的角度；"绘图板压力控制"按钮 配合压感笔压力可以覆盖"画笔"中的"不透明度"和"大小"的设置；"对称选项"按钮 用于设置绘画的对称选项。

启用"画笔"工具 ，在其属性栏中设置画笔，如图 4-2 所示。选择"画笔"工具 ，在图像中按住鼠标左键，拖曳可以绘制出书法字的效果，效果如图 4-3 所示。

2. 选择画笔

在"画笔"工具属性栏中选择画笔。单击"画笔预设"选项右侧的 按钮，弹出图 4-4 所示的画笔选择面板，在画笔选择面板中可选择画笔形状。

图 4-2   图 4-3   图 4-4

按 Shift+[组合键，可以减小画笔硬度；按 Shift+] 组合键，可以增大画笔硬度；按 [键，可以缩小画笔笔尖；按] 键，可以放大画笔笔尖。

拖曳"大小"选项下的滑块或直接输入数值可以设置画笔的大小。如果选择的画笔是基于样本的，将显示"恢复到原始大小"按钮 ，单击此按钮，可以使画笔的大小恢复到初始的大小。单击画笔选择面板右上方的按钮 ，弹出下拉菜单，如图 4-5 所示。

下拉菜单中各命令的作用如下。

- "新建画笔预设"命令：用于建立新画笔。
- "新建画笔组"命令：用于建立新的画笔组。
- "重命名画笔"命令：用于重新命名画笔。
- "删除画笔"命令：用于删除当前选中的画笔。
- "画笔名称"命令：在画笔选择面板中显示画笔名称。
- "画笔描边"命令：在画笔选择面板中显示画笔描边。
- "画笔笔尖"命令：在画笔选择面板中显示画笔笔尖。

图 4-5

- "显示其他预设信息"命令：在画笔选择面板中显示其他预设信息。
- "显示近期画笔"命令：在画笔选择面板中显示近期使用的画笔。
- "恢复默认画笔"命令：用于恢复默认状态画笔。
- "导入画笔"命令：用于将存储的画笔导入面板。

- "导出选中的画笔"命令：用于对当前的画笔进行存储。
- "获取更多画笔"命令：用于在官网上获取更多的画笔。
- "转换后的旧版工具预设"命令：将转换后的旧版工具预设画笔集恢复为画笔预设列表。
- "旧版画笔"命令：将旧版的画笔集恢复为画笔预设列表。

下面的选项为不同的画笔库。

在画笔选择面板中单击"从此画笔创建新的预设"按钮 ，弹出图 4-6 所示的"新建画笔"对话框。单击"画笔"工具属性栏中的"切换'画笔设置'面板"按钮 ，弹出图 4-7 所示的"画笔设置"控制面板。选择"窗口 > 画笔设置"命令，或按 F5 键，也可弹出"画笔设置"控制面板。

在"画笔设置"控制面板中，单击"画笔"按钮 ，或选择"窗口 > 画笔"命令，弹出"画笔"控制面板，如图 4-8 所示。在控制面板中单击需要的画笔，即可选择该画笔。

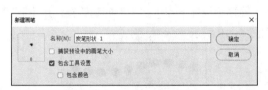

图 4-6　　　　　　　　　　　图 4-7　　　　　　　　　图 4-8

3. 设置画笔

（1）"画笔笔尖形状"选项

在"画笔设置"控制面板中，单击"画笔笔尖形状"选项，切换到相应的控制面板，如图 4-9 所示。通过"画笔笔尖形状"选项可以设置画笔笔尖的形状。

- "大小"选项：用于设置画笔的大小。
- "翻转 X""翻转 Y"复选框：用于改变画笔所有图像在其 x 轴或 y 轴的方向，效果如图 4-10 所示。

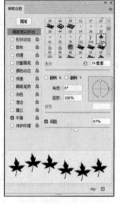

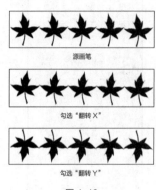

图 4-9　　　　　　　　　　　　　图 4-10

- "角度"选项：用于设置画笔的倾斜角度。用不同倾斜角度的画笔绘制的线条效果分别如图 4-11 和图 4-12 所示。

图 4-11

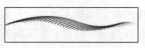

图 4-12

- "圆度"选项：用于设置画笔的圆滑度。在右侧的预视框中可以观察和调整画笔的角度和圆滑度。用不同圆滑度的画笔绘制的线条效果分别如图 4-13 和图 4-14 所示。

图 4-13

图 4-14

- "硬度"选项：用于设置画笔所画图像的边缘的柔化程度。硬度的数值用百分比表示。用不同硬度的画笔绘制的线条效果分别如图 4-15 和图 4-16 所示。

图 4-15

图 4-16

- "间距"选项：用于设置画笔画出的标记点（简称画笔标记点）之间的间隔距离。用不同间距的画笔绘制的线条效果分别如图 4-17 和图 4-18 所示。

图 4-17

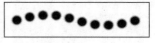

图 4-18

（2）"形状动态"选项

在"画笔设置"控制面板中，单击"形状动态"选项，弹出相应的控制面板，如图 4-19 所示。通过"形状动态"选项可以增加画笔绘制的动态效果。

- "大小抖动"选项：用于设置动态元素的自由随机度。数值设置为 100%时，画笔绘制的元素会出现最大的自由随机度，效果如图 4-20 所示；数值设置为 0%时，画笔绘制的元素没有变化，效果如图 4-21 所示。

图 4-19

图 4-20

图 4-21

在"控制"下拉列表框中可以选择各个选项，来控制动态元素的变化。这些选项包括有关、渐隐、Dial、钢笔压力、钢笔斜度和光笔轮 6 个。

例如，选择"渐隐"选项，在其右侧的数值框中输入数值 25，将"最小直径"选项设置为 100%，画笔绘制的效果如图 4-22 所示；将"最小直径"选项设置为 1%，画笔绘制的效果如图 4-23 所示。

图 4-22   图 4-23

- "最小直径"选项：用来设置画笔标记点的最小尺寸。
- "倾斜缩放比例"选项：当选择"控制"中的"钢笔斜度"选项后，可以设置画笔的倾斜比例。在使用数位板时此选项才有效。
- "角度抖动"选项和"控制"下拉列表框："角度抖动"选项用于设置画笔在绘制线条的过程中标记点角度的动态变化效果；在"控制"下拉列表框中，可以选择各个选项来控制角度抖动的变化。设置不同角度抖动数值后，画笔绘制的效果分别如图 4-24 和图 4-25 所示。

图 4-24   图 4-25

- "圆度抖动"选项和"控制"下拉列表框："圆度抖动"选项用于设置画笔在绘制线条的过程中标记点圆度的动态变化效果；在"控制"下拉列表框中，可以选择各个选项，来控制圆度抖动的变化。设置不同圆度抖动数值后，画笔绘制的效果分别如图 4-26 和图 4-27 所示。

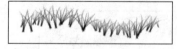

图 4-26   图 4-27

- "最小圆度"选项：用于设置画笔标记点的最小圆度。

（3）"散布"选项

在"画笔设置"控制面板中，单击"散布"选项，弹出相应的控制面板，如图 4-28 所示。

- "散布"选项：用于设置画笔绘制的线条中标记点的分布效果。不勾选"两轴"复选框，画笔标记点的分布将与画笔绘制的线条方向垂直，效果如图 4-29 所示；勾选"两轴"复选框，画笔标记点将以放射状分布，效果如图 4-30 所示。
- "数量"选项：用于设置每个空间间隔中画笔标记点的数量。设置不同的数量数值后，画笔绘制的效果分别如图 4-31 和图 4-32 所示。
- "数量抖动"选项：用于设置每个空间间隔中画笔标记点的数量变化效果。在"控制"下拉列表框中可以选择各个选项，来控制数量抖动的变化。

图 4-28

图 4-29

图 4-30

图 4-31

图 4-32

（4）"纹理"选项

在"画笔设置"控制面板中，单击"纹理"选项，弹出相应的控制面板，如图 4-33 所示。通过"纹理"选项可以使画笔绘制纹理化。

在控制面板的上面有纹理的预视图，单击右侧的按钮，在弹出的面板中可以选择需要的图案，勾选"反相"复选框，可以设定纹理的反相效果。

- "缩放"选项：用于设置图案的缩放比例。
- "为每个笔尖设置纹理"选项：用于设置是否分别对每个画笔标记点进行渲染。选择此项，下面的"深度抖动"选项和"控制"下拉列表框变为可用。
- "模式"选项：用于设置画笔和图案之间的混合模式。
- "深度"选项：用于设置画笔混合图案的深度。
- "最小深度"选项：用于设置画笔混合图案的最小深度。
- "深度抖动"选项和"控制"下拉列表框：用于设置画笔混合图案的深度变化效果。在"控制"下拉列表框中可以选择各个选项，来控制深度抖动的变化。

图 4-33

设置不同的纹理数值后，画笔绘制的效果分别如图 4-34 和图 4-35 所示。

图 4-34

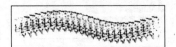

图 4-35

（5）"双重画笔"选项

在"画笔设置"控制面板中，单击"双重画笔"选项，弹出相应的控制面板，如图 4-36 所示。"双重画笔"效果就是两种画笔绘制效果的混合。

在图 4-36 所示的控制面板中的"模式"下拉列表框中，可以选择两种画笔的混合模式。在画笔预视框中选择一种画笔作为第二个画笔。

- "大小"选项：用于设置第二个画笔的大小。
- "间距"选项：用于设置第二个画笔绘制的线条中的标记点之间的距离。
- "散布"选项：用于设置第二个画笔所绘制的线条中的标记点的分布效果。不勾选"两轴"复选框，画笔标记点的分布将与画笔绘制的线条方向垂直；勾选"两轴"复选框，画笔标记点将以放射

图 4-36

状分布。

● "数量"选项：用于设置每个空间间隔中第二个画笔标记点的数量。

选择第一个画笔后，绘制的效果如图 4-37 所示。选择第二个画笔并对其进行设置后，绘制的双重画笔混合效果如图 4-38 所示。

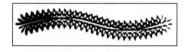

图 4-37

图 4-38

（6）"颜色动态"选项

在"画笔设置"控制面板中，单击"颜色动态"选项，会弹出相应的控制面板，如图 4-39 所示。"颜色动态"选项用于设置画笔绘制的过程中颜色的动态变化效果。

● "前景/背景抖动"选项：用于设置画笔绘制的线条在前景色和背景色之间的动态变化效果。

● "色相抖动"选项：用于设置画笔绘制线条的色相的动态变化范围。

● "饱和度抖动"选项：用于设置画笔绘制线条的饱和度的动态变化范围。

● "亮度抖动"选项：用于设置画笔绘制线条的亮度的动态变化范围。

● "纯度"选项：用于设置颜色的纯度。

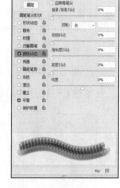

图 4-39

设置不同的颜色动态数值后，画笔绘制的效果分别如图 4-40 和图 4-41 所示。

图 4-40

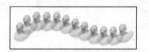

图 4-41

（7）其他选项

"画笔设置"控制面板中的其他选项如图 4-42 所示。

● "传递"选项：可以为画笔颜色添加递增或递减效果。

● "画笔笔势"选项：可以使画笔产生光笔的效果，并控制画笔的角度和位置。

● "杂色"选项：可以为画笔增加杂色效果。

● "湿边"选项：可以为画笔增加水笔的效果。

● "建立"选项：可以使画笔产生喷枪的效果。

● "平滑"选项：可以使画笔绘制的线条产生更平滑顺畅的效果。

● "保护纹理"选项：可以对所有的画笔应用相同的纹理图案。

4. 载入画笔

单击"画笔"控制面板右上方的 ▤ 图标，在菜单中选择"导入画笔"命令，弹出"载入"对话框。

在"载入"对话框中，选择需要载入的画笔文件，单击"载入"按钮，将画笔载入，如图 4-43

图 4-42

所示。载入画笔共有 15 个种类，运用这些载入的画笔可以绘画。

5. 定义画笔预设

打开一幅图像，按 Ctrl+A 组合键，将图像全选，如图 4-44 所示。选择"编辑 > 定义画笔预设"命令，弹出"画笔名称"对话框，按图 4-45 所示进行设定。单击"确定"按钮，将选取的图像定义为画笔。

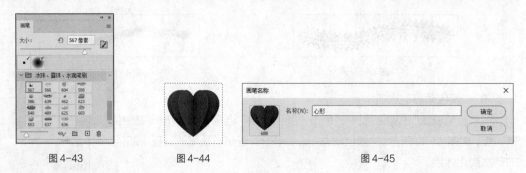

图 4-43   图 4-44   图 4-45

在画笔选择面板中可以看到刚制作好的画笔，如图 4-46 所示。选择制作好的画笔，在"画笔"工具属性栏中进行设置，再单击"启用喷枪样式的建立效果"按钮，如图 4-47 所示。

图 4-46   图 4-47

在图像窗口中将画笔工具放在适当的位置，按下鼠标左键喷出新制作的画笔效果，效果如图 4-48 所示。喷绘时按下鼠标左键时间的长短决定画笔图像颜色的深浅，效果如图 4-49 所示。

图 4-48   图 4-49

6. 铅笔工具

使用"铅笔"工具可以模拟铅笔进行绘制。启用"铅笔"工具有以下两种方法。

- 单击工具箱中的"铅笔"工具。
- 反复按 Shift+B 组合键。

启用"铅笔"工具，其属性栏如图 4-50 所示。

图 4-50

使用"铅笔"工具：启用"铅笔"工具 ✐，在"铅笔"工具属性栏中选择画笔，勾选"自动抹除"复选框，如图 4-51 所示。此时，绘制效果与单击的起始点颜色有关。当单击的起始点颜色与前景色相同时，"铅笔"工具 ✐ 将行使"橡皮擦"工具 ✐ 的功能，以背景色绘制；如果单击的起始点颜色不是前景色，"铅笔"工具会保持以前景色绘制。

图 4-51

例如：将前景色和背景色分别设定为红色和黄色。在图中单击，画出一个红色点。在红色区域内单击绘制下一个点，颜色就会变成黄色。重复以上操作，得到的效果如图 4-52 所示。

7. 颜色替换工具

使用"颜色替换"工具可以对图像的颜色进行改变。启用"颜色替换"工具 ✎，有以下两种方法。

图 4-52

* 单击工具箱中的"颜色替换"工具 ✎。
* 反复按 Shift+B 组合键。

启用"颜色替换"工具 ✎，其属性栏如图 4-53 所示。

图 4-53

在"颜色替换"工具的属性栏中，"画笔预设"选项用于设置颜色替换的形状和大小，"模式"选项用于设定绘制的色彩模式，"取样"选项用于设定取样的类型，"限制"选项用于选择擦除界限，"容差"选项用于设置颜色替换的绘制范围。

使用"颜色替换"工具可以在图像中非常容易地改变任何区域的颜色。

使用"颜色替换"工具：打开一幅图像，效果如图 4-54 所示。设置前景色为紫色（#601986），并在"颜色替换"工具属性栏中设置画笔的属性，如图 4-55 所示。在图像上绘制时，"颜色替换"工具可以根据绘制区域的图像颜色，自动生成绘制区域，效果如图 4-56 所示。使用"颜色替换"工具可以将橙色油漆变成紫色油漆，效果如图 4-57 所示。

图 4-54

图 4-55

图 4-56

图 4-57

4.1.2 橡皮擦工具的使用

"橡皮擦"工具用于擦除图像中的颜色。下面将具体介绍如何使用"橡皮擦"工具。

1. 橡皮擦工具

通过"橡皮擦"工具可以用背景色替换背景图像，也可以用透明色替换图层中的图像。启用"橡皮擦"工具 有以下两种方法。

● 单击工具箱中的"橡皮擦"工具 。

● 反复按 Shift+E 组合键。

启用"橡皮擦"工具 ，其属性栏如图 4-58 所示。

图 4-58

在"橡皮擦"工具属性栏中，"画笔预设"选项用于设定橡皮擦的形状和大小，"模式"选项用于设定擦除的笔触方式，"不透明度"选项用于设定不透明度，"流量"选项用于设定扩散的速度，"抹到历史记录"选项用于确定以"历史"控制面板中确定的图像状态来擦除图像。

图 4-59

使用"橡皮擦"工具：选择"橡皮擦"工具 ，在图像中按住鼠标左键拖曳，可以擦除图像。用背景色替换图像的效果如图 4-59 所示。

2. 背景橡皮擦工具

"背景橡皮擦"工具可以擦除指定的颜色，指定的颜色被替换为背景色。启用"背景橡皮擦"工具 有以下两种方法。

● 单击工具箱中的"背景橡皮擦"工具 。

● 反复按 Shift+E 组合键。

启用"背景橡皮擦"工具 ，其属性栏如图 4-60 所示。

图 4-60

在"背景橡皮擦"工具属性栏中，"画笔预设"选项用于设定背景橡皮擦的形状和大小，"取样"选项用于设定取样的类型，"限制"选项用于设定擦除界限；"容差"选项用于设定容差值，"保护前景色"选项用于保护前景色不被擦除。

使用"背景橡皮擦"工具：选择"背景橡皮擦"工具 ，在"背景橡皮擦"工具属性栏中，按图 4-61 所示进行设定。在图像中使用"背景橡皮擦"工具擦除图像，效果如图 4-62 所示。

图 4-61   图 4-62

3. 魔术橡皮擦工具

"魔术橡皮擦"工具可以自动擦除颜色相近的区域。启用"魔术橡皮擦"工具 有以下两种方法。

●   单击工具箱中的"魔术橡皮擦"工具 。

●   反复按 Shift+E 组合键。

启用"魔术橡皮擦"工具 ，其属性栏如图 4-63 所示。

图 4-63

在"魔术橡皮擦"工具属性栏中，"容差"选项用于设定容差值，容差值的大小决定"魔术橡皮擦"工具擦除图像的面积；"消除锯齿"选项用于消除锯齿；"连续"选项作用于当前层；"对所有图层取样"选项作用于所有层；"不透明度"选项用于设定不透明度。

使用"魔术橡皮擦"工具：启用"魔术橡皮擦"工具 ，设置"魔术橡皮擦"工具属性栏为默认值，用"魔术橡皮擦"工具 擦除图像，图像的效果如图 4-64 所示。

图 4-64

4.1.3 课堂案例——制作头戴式耳机海报

【案例学习目标】学习使用擦除类工具擦除多余的图像。

【案例知识要点】使用"移动"工具添加素材图片，使用"色相/饱和度"命令调整图片颜色，使用"横排文字"工具、"字符"控制面板输入文字，使用"橡皮擦"工具擦除不需要的文字。最终效果如图 4-65 所示。

图 4-65

制作头戴式耳机
海报

【效果文件位置】云盘\Ch04\效果\制作头戴式耳机海报.psd。

（1）打开 Photoshop 2020，按 Ctrl+N 组合键，弹出"新建文档"对话框，设置宽度为 1920 像素，高度为 900 像素，分辨率为 72 像素/英寸，色彩模式为 RGB 模式，背景色为白色，单击"创建"按钮，新建一个文件。

（2）按 Ctrl+O 组合键，打开云盘中的"Ch04 > 素材 > 制作头戴式耳机海报 > 01、02"文件。选择"移动"工具 ，分别将"01""02"图片拖曳到新建图像窗口中适当的位置，效果如图 4-66 所示。在"图层"控制面板中分别生成新的图层并将其分别命名为"底图"和"耳机"，如图 4-67 所示。

（3）单击"图层"控制面板下方的"创建新的填充或调整图层"按钮 ，在弹出的菜单中选择"色相/饱和度"命令，在"图层"控制面板中生成"色相/饱和度 1"图层，同时弹出"色相/饱和度"面板，单击"此调整影响下面的所有图层"按钮 使其显示为"此调整剪切到此图层"按钮 ，其他选项的设置如图 4-68 所示。按 Enter 键确定操作，图像效果如图 4-69 所示。

图 4-66

图 4-67

图 4-68

图 4-69

（4）选择"横排文字"工具 T，在图像窗口中输入需要的文字并选中文字，在"图层"控制面板中生成新的文字图层。按 Ctrl+T 组合键，弹出"字符"控制面板，将"颜色"选项设为白色，其他选项的设置如图 4-70 所示。按 Enter 键确定操作，图像效果如图 4-71 所示。

图 4-70

图 4-71

（5）按 Ctrl+T 组合键，在文字周围出现变换框，如图 4-72 所示，按住 Ctrl+Shift 组合键的同时，拖曳左侧中间的控制手柄到适当的位置，文字与变换框斜切变形，效果如图 4-73 所示。按 Enter 键确定操作，效果如图 4-74 所示。

图 4-72

图 4-73

图 4-74

（6）在"图层"控制面板中的"MUSIC"图层上单击鼠标右键，在弹出的菜单中选择"栅格化文字"命令，将文字图层转换为图像图层，如图 4-75 所示。保持文字图层的被选中状态，按住 Ctrl

键的同时，单击"耳机"图层的缩览图，图像周围生成选区，效果如图 4-76 所示。

图 4-75　　　　　　　　　　　　　　　图 4-76

（7）选择"橡皮擦"工具 ，在其属性栏中单击"画笔预设"选项右侧的 ，在弹出的画笔选择面板中选择需要的画笔形状，其他选项的设置如图 4-77 所示。在图像窗口中拖曳擦除不需要的部分，效果如图 4-78 所示。按 Ctrl+D 组合键取消选区。

（8）按 Ctrl+O 组合键，打开云盘中的"Ch04 > 素材 > 制作头戴式耳机海报 > 03"文件。选择"移动"工具 ，将"03"图片拖曳到新建的图像窗口中适当的位置，效果如图 4-79 所示，在"图层"控制面板中生成新的图层并将其命名为"文字"。至此，头戴式耳机海报制作完成。

图 4-77　　　　　　　　　图 4-78　　　　　　　　　　　　图 4-79

4.2　修图工具的使用

修图工具用于对图像的细微部分进行修整，是处理图像时不可缺少的工具。

4.2.1　图章工具的使用

图章工具可以以预先指定的像素点或定义的图案为复制对象进行复制。

1. 仿制图章工具

使用"仿制图章"工具可以以指定的像素点为复制基准点，将其周围的图像复制到其他地方。启用"仿制图章"工具 有以下两种方法。

● 单击工具箱中的"仿制图章"工具 。
● 反复按 Shift+S 组合键。

启用"仿制图章"工具 ，其属性栏如图 4-80 所示。

图 4-80

在"仿制图章"工具属性栏中，"画笔预设"选项用于设定画笔，"模式"选项用于设定混合模式，"不透明度"选项用于设定不透明度，"流量"选项用于设定扩散的速度，"对齐"选项用于控制是否在复制时使用对齐功能，"样本"选项用于指定图层进行数据取样。

使用"仿制图章"工具：启用"仿制图章"工具 ⚒，将"仿制图章"工具 ⚒ 放在图像中需要复制的位置，按住 Alt 键，鼠标指针由"仿制图章"工具图标变为圆形十字图标 ⊕，如图 4-81 所示。单击定下取样点，松开鼠标左键，在合适的位置按住鼠标左键，拖曳复制出取样点及其周围的图像，效果如图 4-82 所示。

图 4-81　　　　　　　　　　　　　　　　　　图 4-82

2. 图案图章工具

使用"图案图章"工具 ⚒ 可以以预先定义的图案为复制对象进行复制。启用"图案图章"工具 ⚒ 有以下两种方法。

● 单击工具箱中的"图案图章"工具 ⚒。

● 反复按 Shift+S 组合键。

启用"图案图章"工具 ⚒，其属性栏中的选项内容与"仿制图章"工具属性栏中的选项内容大致相同，但多了一个用于选择复制图案的选项，如图 4-83 所示。

图 4-83

使用"图案图章"工具：启用"图案图章"工具 ⚒，用"矩形选框"工具 ▭ 绘制出要定义为图案的选区，如图 4-84 所示。选择"编辑 > 定义图案"命令，弹出"图案名称"对话框，如图 4-85 所示，单击"确定"按钮，定义选区中的图像为图案。

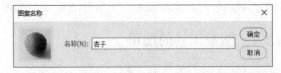

图 4-84　　　　　　　　　　　　　　　　　　图 4-85

按 Ctrl+D 组合键，取消图像中的选区。选择"图案图章"工具 ⚒，在其属性栏中选择定义的图案，如图 4-86 所示。在合适的位置按住鼠标左键，拖曳复制出定义的图案，效果如图 4-87 所示。

图 4-86　　　　　　　　　　　　　　　　　　图 4-87

4.2.2　课堂案例——制作美妆公众号运营海报

【案例学习目标】学习使用"仿制图章"工具擦除图像中的多余的碎发。

【案例知识要点】使用"仿制图章"工具擦除图像中的多余的碎发。最终效果
如图 4-88 所示。

制作美妆公众号
运营海报

【效果文件位置】云盘\Ch04\效果\制作美妆公众号运营海报.psd。

（1）打开 Photoshop2020，按 Ctrl+O 组合键，打开云盘中的"Ch04 > 素
材 > 制作美妆公众号运营海报 > 01"文件，效果如图 4-89 所示。将"背景"
图层拖曳到"图层"控制面板下方的"创建新图层"按钮 ⊡ 上进行复制，生成新
的图层"背景 拷贝"，如图 4-90 所示。

（2）选择"缩放"工具 ，将图像的局部放大。选择"仿制图章"工具 ，在其属性栏中单击
"画笔预设"选项右侧的 按钮，在弹出的画笔选择面板中选择需要的画笔形状，如图 4-91 所示。

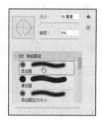

图 4-88　　　　　　图 4-89　　　　　　　图 4-90　　　　　　　　图 4-91

（3）将鼠标指针放置到图像需要复制的位置，按住 Alt 键的同时，鼠标指针由"仿制图章"工具
图标变为圆形十字图标 ⊕，如图 4-92 所示。单击定下取样点，松开鼠标左键，在图像窗口中需要擦
除的位置多次单击，擦除图像中的多余的碎发，效果如图 4-93 所示。使用相同的方法擦除图像中的
其他部位多余的碎发，效果如图 4-94 所示。

（4）按 Ctrl+O 组合键，打开云盘中的"Ch04 > 素材 > 制作美妆公众号运营海报 > 02"文件。
选择"移动"工具 ，将眼影图片拖曳到图像窗口中适当的位置，效果如图 4-95 所示，在"图层"
控制面板中生成新图层并将其命名为"眼影"。

（5）将前景色设为白色。选择"横排文字"工具 T.，在适当的位置分别输入需要的文字并选中
文字，在其属性栏中选择合适的字体并设置大小。按 Alt+→组合键，调整文字的间距，效果如图 4-96
所示，在"图层"控制面板中生成新的文字图层。至此，美妆公众号运营海报制作完成。

图 4-92　　　　　　图 4-93　　　　　　图 4-94　　　　　　图 4-95　　　　　　图 4-96

4.2.3　污点修复画笔工具与修复画笔工具

使用"污点修复画笔"工具可以快速地擦除照片中的污点，使用"修复画笔"工具可以修复旧照
片或有破损的照片。

1. 污点修复画笔工具

使用"污点修复画笔"工具可以快速地擦除照片中的污点和其他不理想部分。启用"污点修复画笔"工具有以下两种方法。

- 单击工具箱中的"污点修复画笔"工具。
- 反复按 Shift+J 组合键。

启用"污点修复画笔"工具，其属性栏如图 4-97 所示。

图 4-97

在"污点修复画笔"工具属性栏中，"画笔预设"选项可以选择修复画笔的大小。单击"画笔预设"选项右侧的按钮，在弹出的画笔选择面板中可以设置画笔的大小、硬度、间距、角度、圆度和压力大小，如图 4-98 所示。在"模式"下拉列表框中可以选择复制像素或填充图案与底图的混合模式。选择"近似匹配"按钮能使用选区边缘的像素来查找用作选定区域修补的图像区域，选择"创建纹理"按钮能使用选区中的所有像素创建一个用于修复该区域的纹理。

图 4-98

使用"污点修复画笔"工具：打开一幅图像，效果如图 4-99 所示。选择"污点修复画笔"工具，在其属性栏中设置画笔的大小，在图像中需要修复的位置单击，修复后的效果如图 4-100 所示。

图 4-99

图 4-100

2. 修复画笔工具

使用"修复画笔"工具可以将取样点的像素信息非常自然地复制到图像的破损位置，并保持图像的亮度、饱和度、纹理等属性，使修复的效果更加自然逼真。启用"修复画笔"工具有以下两种方法。

- 单击工具箱中的"修复画笔"工具。
- 反复按 Shift+J 组合键。

启用"修复画笔"工具，其属性栏如图 4-101 所示。

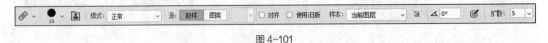

图 4-101

在"修复画笔"工具属性栏中，"源"选项可以设置修复区域的源。单击"取样"按钮后，按住 Alt 键，此时鼠标指针由"修复画笔"工具图标变为圆形十字图标⊕，单击定下取样点，在图像中要修复的位置按住鼠标左键，拖曳复制出取样点的图像；单击"图案"按钮后，可以在右侧的下拉列表框中选择图案或自定义图案来填充图像。勾选"对齐"复选框，下一次的复制位置会和上一次的完全重合。图像的复制不会因为重新复制而出现错位。

使用"修复画笔"工具：打开一幅图像，选择"修复画笔"工具 ，按住 Alt 键的同时，鼠标指针变为圆形十字图标⊕，如图 4-102 所示，单击定下取样点，在要修复的区域单击，修复图像，效果如图 4-103 所示。用相同的方法修复其他图像，效果如图 4-104 所示。

图 4-102

图 4-103

图 4-104

在"修复画笔"工具的属性栏中选择需要的图案，如图 4-105 所示。使用"修复画笔"工具填充图案的效果如图 4-106 所示。

单击"修复画笔"工具属性栏中的"切换仿制源面板"按钮▣，弹出"仿制源"控制面板，如图 4-107 所示。

● 仿制源：选择按钮后，按住 Alt 键的同时，使用"修复画笔"工具在图像中单击可以设置取样点。单击下一个仿制源按钮，可以继续取样。

● 源：指定 x 轴和 y 轴的像素位移，可以在相对于取样点的精确位置进行仿制。

● W/H：可以缩放所仿制的源。

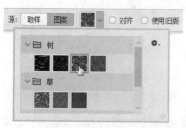
图 4-105

图 4-106

图 4-107

● 旋转：在文本框中输入旋转角度，可以旋转仿制的源。

● 翻转：单击"水平翻转"按钮🔄或"垂直翻转"按钮🔄，可以水平或垂直翻转仿制源。

● 复位变换🔄：将 W、H、角度值和翻转方向恢复到默认的状态。

● 显示叠加：勾选此复选框并设置叠加方式后，在使用修复工具时，可以更好地查看叠加效果以及下面的图像。

● 不透明度：用来设置叠加图像的不透明度。

● 已剪切：可以将叠加剪切到画笔大小。

● 自动隐藏：可以在应用绘画描边时隐藏叠加。

● 反相：可以反相叠加颜色。

4.2.4 修补工具、内容感知移动工具与红眼工具的使用

使用"修补"工具可以对图像进行修补，使用内容感知移动工具可以对图像进行修补或移动，使用"红眼"工具可以对图像的颜色进行调整。

1. 修补工具

通过"修补"工具可以用图像中的其他区域来修补当前选中的需要修补的区域，也可以使用图案来修补需要修补的区域。

启用"修补"工具 有以下两种方法。

● 单击工具箱中的"修补"工具 。

● 反复按 Shift+J 组合键。

启用"修补"工具 ，其属性栏如图 4-108 所示。

图 4-108

在"修补"工具属性栏中， 为选择修补选区方式的选项。"新选区"按钮 用于去除旧选区，绘制新选区；"添加到选区"按钮 用于在原有选区的基础上增加新选区；"从选区减去"按钮 用于在原有选区的基础上减去新选区的部分；"与选区交叉"按钮 用于选择新、旧选区重叠的部分。

使用"修补"工具：打开一幅图像，用"修补"工具 圈选图像中的区域，如图 4-109 所示。选择"修补"工具属性栏中的"源"按钮，在圈选的杏子中按住鼠标左键，拖曳将选区放置到需要的位置，如图 4-110 所示。松开鼠标左键，选中的杏子被新放置的选取位置的图像所修补，效果如图 4-111 所示。

图 4-109   图 4-110   图 4-111

选择"修补"工具属性栏中的"目标"按钮，用"修补"工具 圈选图像中的区域，如图 4-112 所示。再将选区拖曳到要修补的图像区域，如图 4-113 所示。圈选图像中的区域修补了图像中的杏子，效果如图 4-114 所示。

图 4-112   图 4-113   图 4-114

用"修补"工具 在图像中圈选出需要使用图案的选区，如图 4-115 所示。"修补"工具属性栏中的"使用图案"选项变为可用，选择需要的图案，如图 4-116 所示。单击"使用图案"按钮，在选

区中填充所选的图案，效果如图 4-117 所示。

图 4-115　　　　　　　　　　图 4-116　　　　　　　　　　图 4-117

　　使用图案进行修补时，可以勾选"修补"工具属性栏中的"透明"复选框，将用来修补的图案变为透明。用"修补"工具 ⊕ 在图像中圈选出需要使用图案的选区，如图 4-118 所示。选择需要的图案，再勾选"透明"复选框，如图 4-119 所示。单击"使用图案"按钮，在选区中填充透明的图案，效果如图 4-120 所示。

图 4-118　　　　　　　　　　图 4-119　　　　　　　　　　图 4-120

2. 内容感知移动工具

　　使用"内容感知移动"工具可以选择和移动图像的一部分。移动后图像重新组合，留下的空洞区域使用图像中的匹配元素填充。启用"内容感知移动"工具 ✖. 有以下两种方法。

● 单击工具箱中的"内容感知移动"工具 ✖.。
● 反复按 Shift+J 组合键。

　　启用"内容感知移动"工具 ✖.，其属性栏如图 4-121 所示。

图 4-121

　　在"内容感知移动"工具的属性栏中，"模式"选项用于设定重新混合的模式，"结构"选项用于设定选区保留的严格程度，"颜色"选项可以调整修改源色彩的程度，勾选"投影时变换"复选框，可以在制作混合时旋转和缩放选区。

　　使用"内容感知移动"工具：打开一幅图像，启用"内容感知移动"工具 ✖.，在"内容感知移动"工具属性栏中将"模式"设置为"移动"，在窗口中单击并拖曳绘制选区，将杏子选中，如图 4-122 所示。将鼠标指针放置在选区中，单击并向上方拖曳，如图 4-123 所示。松开鼠标左键后，单击"内容感知移动"工具属性栏中的"提交变换"按钮 ✓，或按 Enter 键，将杏子移动到新位置，效果如图 4-124 所示。

　　打开一幅图像，启用"内容感知移动"工具 ✖.，在"内容感知移动"工具属性栏中将"模式"设置为"扩展"，在窗口中单击并拖曳绘制选区，将杏子选中，如图 4-125 所示。将鼠标指针放置在选区中，单击并向右上方拖曳，如图 4-126 所示。松开鼠标左键后，单击该工具属性栏中的"提交变换"按钮✓，或按 Enter 键，将杏子复制到新位置，效果如图 4-127 所示。

图 4-122

图 4-123

图 4-124

图 4-125

图 4-126

图 4-127

3. 红眼工具

使用"红眼"工具可移去用闪光灯拍摄的人物照片中的红眼。启用"红眼"工具🔴有以下两种方法。

● 单击工具箱中的"红眼"工具🔴。

● 反复按 Shift+J 组合键。

启用"红眼"工具🔴，其属性栏如图 4-128 所示。

在"红眼"工具的属性栏中，"瞳孔大小"选项用于设置瞳孔的大小，"变暗量"选项用于设置瞳孔的暗度。

图 4-128

4.2.5 课堂案例——制作健康生活公众号封面次图

【案例学习目标】学习使用多种修图工具修复模特照片。

【案例知识要点】使用"缩放"工具调整图像大小，使用"污点修复画笔"工具去除痘印和眼袋皱纹。最终效果如图 4-129 所示。

【效果文件位置】云盘\Ch04\效果\制作健康生活公众号封面次图.psd。

（1）打开 Photoshop 2020，按 Ctrl+O 组合键，打开云盘中的"Ch04 > 素材 > 制作健康生活公众号封面次图 > 01"文件，效果如图 4-130 所示。将"背景"图层拖曳到"图层"控制面板下方的"创建新图层"按钮回上进行复制，生成新的图层"背景 拷贝"，如图 4-131 所示。

制作健康生活公众号
封面次图

图 4-129

图 4-130

图 4-131

（2）选择"缩放"工具 🔍，将图像的局部放大。选择"污点修复画笔"工具 🖋️，在其属性栏中单击"画笔预设"选项右侧的-按钮，在弹出的画笔选择面板中设置画笔的大小，如图 4-132 所示。在图像中右侧眉毛上需要修复的痘印处单击，效果如图 4-133 所示。按 [或] 键，适当调整画笔大小，用相同的方法在脸部其他位置多次进行操作，将所有斑点全部去除，效果如图 4-134 所示。

图 4-132

图 4-133

图 4-134

（3）选择"修复画笔"工具 🖋️，按住 Alt 键的同时，在人物面部皮肤较好的地方单击，选择取样点，如图 4-135 所示。按住鼠标在要去除的眼角皱纹上涂抹，将取样点区域的图像应用到涂抹的眼角皱纹上，效果如图 4-136 所示。

（4）多次进行操作，将左眼角皱纹去除。用相同的方法，将右眼角皱纹和脖子处的皱纹去除，效果如图 4-137 所示。至此，健康生活公众号封面次图制作完成。

图 4-135

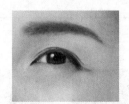
图 4-136

图 4-137

4.2.6　模糊工具、锐化工具和涂抹工具的使用

"模糊"工具用于使图像变模糊，"锐化"工具用于增强图像的边缘以提升清晰度，"涂抹"工具用于制作出类似水彩画的效果。

1. 模糊工具

单击工具箱中的"模糊"工具 ⬛，其属性栏如图 4-138 所示。

图 4-138

在"模糊"工具属性栏中，"画笔预设"选项用于设定画笔的形状，"模式"选项用于设定绘画模式，"强度"选项用于设定描边强度，"对所有图层取样"选项用于确定模糊工具是否对所有可见层起作用。

使用"模糊"工具：启用"模糊"工具 ⬛，在"模糊"工具属性栏中，按图 4-139 所示进行设定。将鼠标指针置于图像中，按住鼠标左键并拖曳可使图像产生模糊的效果。原图像和模糊后的图像效果如图 4-140 所示。

图 4-139

图 4-140

2. 锐化工具

单击工具箱中的"锐化"工具 △，其属性栏如图 4-141 所示。其属性栏中的选项内容与"模糊"工具属性栏中的选项内容类似。

图 4-141

使用"锐化"工具：启用"锐化"工具 △，在"锐化"工具属性栏中，按图 4-142 所示进行设定。将鼠标指针置于图像中，按住鼠标左键并拖曳可使图像产生锐化的效果。原图像和锐化后的图像效果如图 4-143 所示。

图 4-142

图 4-143

3. 涂抹工具

单击工具箱中的"涂抹"工具 ，其属性栏如图 4-144 所示。其属性栏中的选项内容与"模糊"工具属性栏中的选项内容类似，只是多了一个"手指绘画"选项，用于设定是否按前景色进行涂抹。

图 4-144

使用"涂抹"工具：启用"涂抹"工具 ，在"涂抹"工具属性栏中，按图 4-145 所示进行设定。将鼠标指针置于图像中，按住鼠标左键并拖曳使图像产生涂抹的效果。原图像和涂抹后的图像效果如图 4-146 所示。

图 4-145

图 4-146

4.2.7 减淡工具、加深工具和海绵工具的使用

"减淡"工具用于使图像的亮度提高,"加深"工具用于使图像的亮度降低,"海绵"工具用于增加或减少图像的色彩饱和度。

1. 减淡工具

启用"减淡"工具 有以下两种方法。

● 单击工具箱中的"减淡"工具 。

● 反复按 Shift+O 组合键。

启用"减淡"工具 ,其属性栏如图 4-147 所示。"画笔预设"选项用于设定画笔的形状,"范围"选项用于设定绘画模式,"曝光度"选项用于设定描边的曝光度。勾选"保护色调"复选框,用于防止颜色发生色相偏移。

图 4-147

使用"减淡"工具:启用"减淡"工具 ,在"减淡"工具属性栏中,按图 4-148 所示进行设定。将鼠标指针置于图像中,按住鼠标左键并拖曳使图像产生减淡的效果。原图像和减淡后的图像效果如图 4-149 所示。

图 4-148

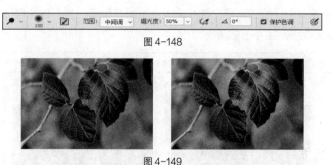

图 4-149

2. 加深工具

启用"加深"工具 有以下两种方法。

● 单击工具箱中的"加深"工具 。

● 反复按 Shift+O 组合键。

启用"加深"工具 ,其属性栏如图 4-150 所示。

图 4-150

使用"加深"工具：启用"加深"工具 🖐，在"加深"工具属性栏中，按图 4-151 所示进行设定。将鼠标指针置于图像中，按住鼠标左键并拖曳使图像产生加深的效果。原图像和加深后的图像效果如图 4-152 所示。

图 4-151

图 4-152

3. 海绵工具

启用"海绵"工具 🧽 有以下两种方法。

● 单击工具箱中的"海绵"工具 🧽。

● 反复按 Shift+O 组合键。

启用"海绵"工具 🧽，其属性栏如图 4-153 所示。"画笔预设"选项用于选择画笔的形状，"模式"选项用于设定饱和度处理方式，"流量"选项用于设定饱和度的更改速度。勾选"自然饱和度"复选框，可以控制饱和度的自然程度，以防止颜色过于饱和而出现溢色。

图 4-153

使用"海绵"工具：启用"海绵"工具 🧽，在"海绵"工具属性栏中，按图 4-154 所示进行设定。将鼠标指针置于图像中，按住鼠标左键并拖曳使图像产生增加色彩饱和度的效果。原图像和使用"海绵"工具后的图像效果如图 4-155 所示。

图 4-154

图 4-155

4.3 填充工具的使用

使用填充工具可以对选定的区域进行色彩或图案的填充。下面将具体介绍填充工具的使用方法和操作技巧。

4.3.1 渐变工具和油漆桶工具的使用

使用"渐变"工具可以在图像或图层中形成一种色彩渐变的效果，使用"油漆桶"工具可以在图像或选区中对指定色差范围内的色彩区域进行色彩或图案的填充。

1. 渐变工具

启用"渐变"工具 ■ 有以下两种方法。

● 单击工具箱中的"渐变"工具 ■。

● 反复按 Shift+G 组合键。

"渐变"工具属性栏上有"线性渐变"按钮 ■、"径向渐变"按钮 ■、"角度渐变"按钮 ■、"对称渐变"按钮 ■ 和"菱形渐变"按钮 ■。启用"渐变"工具 ■，其属性栏如图 4-156 所示。

图 4-156

在"渐变"工具属性栏中，"点按可编辑渐变"按钮 ▭ 用于选择和编辑渐变的色彩；■ ■ ■ ■ ■ 用于设定渐变类型，包括线性渐变、径向渐变、角度渐变、对称渐变、菱形渐变；"模式"选项用于设定着色的模式；"不透明度"选项用于设定不透明度；"反向"选项用于产生反向色彩渐变的效果；"仿色"选项用于使渐变更平滑；"透明区域"选项于产生不透明度。

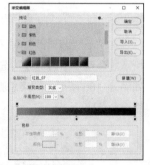

如果要自行编辑渐变形式和色彩，可单击"点按可编辑渐变"按钮 ▭，在弹出的图 4-157 所示的"渐变编辑器"对话框中进行操作。

（1）设置渐变颜色

图 4-157

在"渐变编辑器"对话框中，单击颜色编辑框下方的适当位置，可以增加色标，如图 4-158 所示。可以对颜色进行调整，在下面的"颜色"下拉列表框中选择颜色，或双击刚建立的色标，弹出"拾色器（色标颜色）"对话框，如图 4-159 所示，在其中选择合适的颜色，单击"确定"按钮，颜色就改变了。也可以对色标的位置进行调整，在"位置"选项中输入数值或直接拖曳色标，可以调整色标的位置。

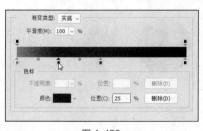

图 4-158

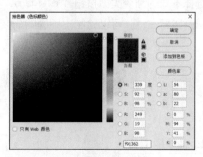

图 4-159

任意选择一个色标，如图 4-160 所示，单击下面的"删除"按钮 ▭，或按 Delete 键，可以将色标删除，如图 4-161 所示。

在"渐变编辑器"对话框中，单击颜色编辑框左上方的黑色不透明度色标，如图 4-162 所示。再调整"不透明度"选项，可以使开始的颜色到结束的颜色显示透明的效果，如图 4-163 所示。

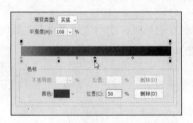

图 4-160

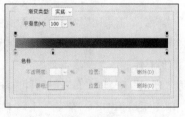

图 4-161

图 4-162

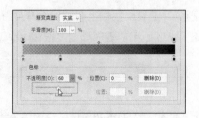

图 4-163

在"渐变编辑器"对话框中，单击颜色编辑框的上方，会出现新的不透明度色标，如图 4-164 所示。调整"不透明度"选项，可以使新不透明度色标的颜色向两边的颜色出现过渡式的透明效果，如图 4-165 所示。如果想删除终点色标，单击下面的"删除"按钮 删除(D) ，或按 Delete 键，即可将终点色标删除。

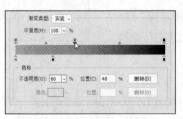

图 4-164

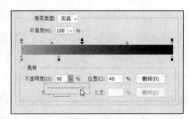

图 4-165

（2）使用"渐变"工具

选择不同的渐变类型按钮 ，将鼠标指针置于图像中，按住鼠标左键并拖曳到适当的位置，松开鼠标左键，可以绘制出不同的渐变效果，效果如图 4-166 所示。

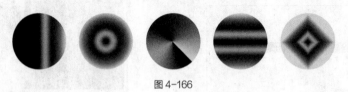

图 4-166

2. 油漆桶工具

启用"油漆桶"工具 ，有以下两种方法。

● 单击工具箱中的"油漆桶"工具 。

● 反复按 Shift+G 组合键。

启用"油漆桶"工具 ，其属性栏如图 4-167 所示。

图 4-167

在"油漆桶"工具属性栏中，<u>前景</u>选项用于设定填充的是前景色或是图案；"图案"选项用于设定定义好的图案；"模式"选项用于设定填充的模式；"不透明度"选项用于设定不透明度；"容差"选项用于设定色差的范围，数值越小，容差越小，填充的区域也越小；"消除锯齿"选项用于消除边缘锯齿；"连续的"选项用于设定只填充连续像素；"所有图层"选项用于设定是否对所有可见层进行填充。

使用"油漆桶"工具：启用"油漆桶"工具 ，在"油漆桶"工具属性栏中对"容差"选项进行不同的设定，分别如图 4-168 和图 4-169 所示。原图像效果如图 4-170 所示。用"油漆桶"工具 在图像中填充前景色，不同的填充效果分别如图 4-171 和图 4-172 所示。

图 4-168

图 4-169

图 4-170

图 4-171

图 4-172

在"油漆桶"工具属性栏中设置图案，如图 4-173 所示；用"油漆桶"工具 在图像中填充图案，效果如图 4-174 所示。

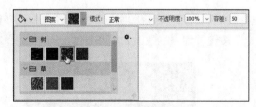

图 4-173

图 4-174

4.3.2 填充命令的使用

选择"填充"命令可以对选定的区域进行填色。

1．填充命令对话框

选择"编辑 > 填充"命令，或按 Shift+F5 组合键，系统将弹出"填充"对话框，如图 4-175 所示。

在"填充"对话框中，"内容"选项用于设定填充方式，包括使

图 4-175

用前景色、背景色、颜色、内容识别、图案、历史记录、黑色、50%灰色、白色等进行填充；"模式"选项用于设置填充模式；"不透明度"选项用于调整不透明度。

2. 填充颜色

打开一幅图像，在图像中绘制出选区，效果如图 4-176 所示。选择"编辑 > 填充"命令，弹出"填充"对话框，如图 4-177 所示进行设定，单击"确定"按钮，填充的效果如图 4-178 所示。

图 4-176 　　　　　　　　　　　图 4-177 　　　　　　　　　　　图 4-178

提示

按 Alt+Backspace 组合键，可使用前景色填充选区或图层。按 Ctrl+Backspace 组合键，可使用背景色填充选区或图层。按 Delete 键，将删除选区内的图像，露出背景色或下面的图像。

打开一幅图像，绘制出要定义为图案的选区，如图 4-179 所示。选择"编辑 > 定义图案"命令，弹出"图案名称"对话框，如图 4-180 所示，单击"确定"按钮，图案定义完成。按 Ctrl+D 组合键，取消图像选区。

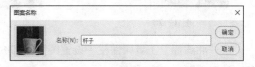

图 4-179 　　　　　　　　　　　　　　　　　　　　　图 4-180

选择"编辑 > 填充"命令，弹出"填充"对话框。在"自定图案"下拉列表框中选择新定义的图案，按图 4-181 所示进行设定。单击"确定"按钮，填充的效果如图 4-182 所示。

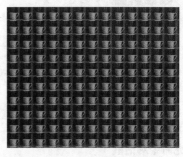

图 4-181 　　　　　　　　　　　　　　　　　图 4-182

在"填充"对话框的"模式"下拉列表框中选择不同的填充模式，按图 4-183 所示进行设定。单击"确定"按钮，填充的效果如图 4-184 所示。

图 4-183

图 4-184

4.3.3 描边命令的使用

使用"描边"命令可以将选定区域的边缘用前景色描绘出来。

1. 描边命令对话框

选择"编辑 > 描边"命令，弹出"描边"对话框，如图 4-185 所示。

在"描边"对话框中，"描边"选项组用于设定边线的宽度和边线的颜色；"位置"选项组用于设定所描边线相对于区域边缘的位置，包括内部、居中和居外 3 个选项；"混合"选项组用于设置描边模式和不透明度。

图 4-185

2. 制作描边效果

打开一幅图像，使用"磁性套索"工具 ，沿沙发的边缘绘制出需要的选区，如图 4-186 所示。

选择"编辑 > 描边"命令，弹出"描边"对话框，按图 4-187 所示进行设定。单击"确定"按钮，按 Ctrl+D 组合键，取消选区，描边的效果如图 4-188 所示。

在"描边"对话框中将"模式"选项设定为"叠加"，如图 4-189 所示。单击"确定"按钮，按 Ctrl+D 组合键，取消选区，描边的效果如图 4-190 所示。

图 4-186

图 4-187

图 4-188

图 4-189

图 4-190

4.3.4 课堂案例——绘制应用商店类 UI 图标

绘制应用商店类
UI 图标

【案例学习目标】学习使用"渐变"工具和"填充"命令绘制应用商店类 UI 图标。

【案例知识要点】使用"路径"控制面板、"渐变"工具和"填充"命令绘制应用商店类 UI 图标。最终效果如图 4-191 所示。

【效果文件位置】云盘\Ch04\效果\绘制应用商店类 UI 图标.psd。

（1）打开 Photoshop 2020，按 Ctrl+O 组合键，打开云盘中的"Ch04 > 素材 > 绘制应用商店类 UI 图标 > 01"文件，"路径"控制面板如图 4-192 所示。选中"路径 1"，如图 4-193 所示，图像效果如图 4-194 所示。

图 4-191

图 4-192

图 4-193

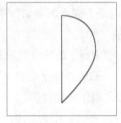

图 4-194

（2）返回到"图层"控制面板中，新建图层并将其命名为"红色渐变"。按 Ctrl+Enter 组合键，将路径转换为选区，效果如图 4-195 所示。选择"渐变"工具，单击其属性栏中的"点按可编辑渐变"按钮，弹出"渐变编辑器"对话框，将渐变颜色设为从橘红色（230、60、0）到浅红色（255、144、102），如图 4-196 所示，单击"确定"按钮。选中"渐变"工具属性栏中的"线性渐变"按钮，按住 Shift 键的同时，在选区中由左至右拖曳填充渐变色，按 Ctrl+D 组合键，取消选区，效果如图 4-197 所示。

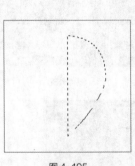

图 4-195

图 4-196

图 4-197

（3）在"路径"控制面板中，选中"路径 2"，图像效果如图 4-198 所示。返回到"图层"控制面板中，新建图层并将其命名为"蓝色渐变"。按 Ctrl+Enter 组合键，将路径转换为选区，如图 4-199 所示。

（4）选择"渐变"工具，单击其属性栏中的"点按可编辑渐变"按钮，弹出"渐变

编辑器"对话框,将渐变颜色设为从蓝色(0、108、183)到浅蓝色(124、201、255),如图 4-200
所示,单击"确定"按钮。按住 Shift 键的同时,在选区中由右至左拖曳填充渐变色,按 Ctrl+D 组
合键,取消选区,效果如图 4-201 所示。

图 4-198

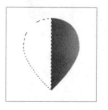

图 4-199

图 4-200

图 4-201

(5)用相同的方法分别选中"路径 3"和"路径 4",分别制作"绿色渐变"和"橙色渐变",
效果如图 4-202 所示。在"路径"控制面板中选中"路径5",图像效果如图 4-203 所示。返回到
"图层"控制面板中,新建图层并将其命名为"白色"。按 Ctrl+Enter 组合键,将路径转换为选区,
如图 4-204 所示。

图 4-202

图 4-203

图 4-204

(6)选择"编辑 > 填充"命令,弹出"填充"对话框,设置如图 4-205 所示。单击"确定"按
钮,效果如图 4-206 所示。按 Ctrl+D 组合键,取消选区。

图 4-205

图 4-206

(7)至此,应用商店类 UI 图标绘制完成,效果如图 4-207 所示。将图标应用在手机中,原图标

会自动应用圆角遮罩图标，呈现出圆角效果，效果如图 4-208 所示。

图 4-207

图 4-208

课后习题——制作茶文化公众号内文配图

　　【习题知识要点】使用"钢笔"工具勾勒茶壶形状，使用图层"混合模式"和"创建剪贴蒙版"命令合成图片，使用"减淡"工具、"加深"工具和"模糊"工具为茶具添加水墨画。最终效果如图 4-209 所示。

图 4-209

制作茶文化公众号
内文配图

　　【效果文件位置】云盘\Ch04\效果\制作茶文化公众号内文配图.psd。

第 5 章
编辑图像

本章将详细介绍 Photoshop 2020 的图像编辑功能，对编辑图像的方法和技巧进行系统的讲解。读者通过学习本章，应了解并掌握图像的编辑方法和应用技巧，为进一步编辑和处理图像打下坚实的基础。

课堂学习目标

- ✔ 了解图像编辑工具的使用
- ✔ 掌握图像的移动、复制和删除方法
- ✔ 掌握图像的裁剪和变换方法

素养目标

- ✔ 培养学生的创意思维
- ✔ 加深学生对祖国风光的热爱

5.1 图像编辑工具的使用

使用图像编辑工具可以提高用户编辑和处理图像的效率。

5.1.1 注释工具

使用"注释"工具可以为图像增加注释，其中包括文字附注和数字计数。

1. 注释工具

使用"注释"工具可以为图像增加文字附注，从而起到提示作用。启用"注释"工具 📝 有以下两种方法。

- 单击工具箱中的"注释"工具 📝 。
- 反复按 Shift+I 组合键。

启用"注释"工具 📝 ，其属性栏如图 5-1 所示。

| 📝 ∨ | 作者: | | 颜色: ☐ | 清除全部 | 🗔 |

图 5-1

在"注释"工具属性栏中，"作者"选项用于输入作者姓名；"颜色"选项用于设置注释窗口的颜色；"清除全部"按钮用于清除所有注释；"显示或隐藏注释面板"按钮⬛用于隐藏或显示注释面板，编辑注释文字。

2. 计数工具

当图像中有很多物体时，用计数工具计数可以方便统计。启用"计数"工具⌐₁₂³⌐有以下两种方法。

● 单击工具箱中的"计数"工具⌐₁₂³⌐。

● 反复按 Shift+I 组合键。

启用"计数"工具⌐₁₂³⌐，其属性栏如图 5-2 所示。

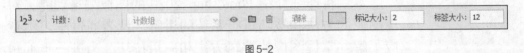

图 5-2

在"计数"工具属性栏中，"计数"选项用于显示当前所统计到的数字，⌐计数组 1⌐选项用于显示当前为第几计数组和修改当前计数组的名称，"切换计数组的可见性"按钮👁用于显示或隐藏数字，"创建新的计数组"按钮📁用于创建一个新的计数组，"删除当前所选计数组"按钮🗑用于删除当前所选中的计数组，"清除"按钮⌐清除⌐用于清除当前所选计数组的所有数字，"计数组颜色"⬜选项用于设置计数工具数字的颜色，"标记大小"选项用于设置标记的大小，"标签大小"选项用于设置数字的大小。

打开一幅图像，效果如图 5-3 所示，为图像添加计数组，效果如图 5-4 所示，在"计数"工具属性栏中的设置如图 5-5 所示。

图 5-3

图 5-4

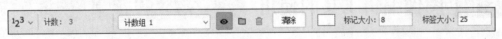

图 5-5

5.1.2 标尺工具

使用"标尺"工具可以在图像中测量任意两点之间的距离，并可以测量角度。启用"标尺"工具⌐📏⌐有以下两种方法。

● 单击工具箱中的"标尺"工具⌐📏⌐。

● 反复按 Shift+I 组合键。

启用"标尺"工具⌐📏⌐，其具体数值显示在图 5-6 所示的"标尺"工具属性栏和信息控制面板中。利用"标尺"工具可以进行精确的图形图像绘制。

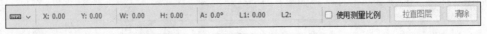

图 5-6

1. 使用标尺工具

打开一幅图像，选择"标尺"工具 ⟋，将鼠标指针放到图像中，显示标尺图标，如图 5-7 所示。在图像中单击确定测量的起点，拖曳出现测量的线段，再次单击，在适当的位置确定测量的终点，效果如图 5-8 所示，测量的结果就会显示出来。"信息"控制面板中的内容和"标尺"工具属性栏中的内容分别如图 5-9 和图 5-10 所示。

图 5-7　　　　　　　　图 5-8　　　　　　　　图 5-9

图 5-10

2. "信息"控制面板

"信息"控制面板可以显示图像中鼠标指针所在位置的信息和图像中选区的大小。选择"窗口 > 信息"命令，弹出"信息"控制面板，如图 5-11 所示。

在"信息"控制面板中，"R""G""B"数值表示鼠标指针在图像中所在色彩区域的相应 RGB 色彩值，"A""L"数值表示鼠标指针在当前图像中所处的角度，"X""Y"数值表示鼠标指针在当前图像中所处的坐标值，"W""H"数值表示图像选区的宽度和高度。

图 5-11

5.1.3　课堂案例——制作古都西安公众号封面首图

【案例学习目标】学习使用"标尺"工具和"拉直图层"按钮校正倾斜图像。

【案例知识要点】使用"标尺"工具和"拉直图层"按钮校正倾斜图像，使用"色阶"命令调整图像颜色，使用"横排文字"工具添加文字信息。最终效果如图 5-12 所示。

图 5-12

制作古都西安公众号
封面首图

【效果文件位置】云盘\Ch05\效果\制作古都西安公众号封面首图.psd。

（1）打开 Photoshop 2020，按 Ctrl+N 组合键，弹出"新建文档"对话框。设置宽度为 1175

像素，高度为 500 像素，分辨率为 72 像素/英寸，色彩模式为 RGB 模式，背景色为白色，单击"创建"按钮，新建一个文件。

（2）按 Ctrl+O 组合键，打开云盘中的"Ch05 > 素材 > 制作古都西安公众号封面首图 > 01"文件，选择"移动"工具 ，将"01"图片拖曳到图像窗口中适当的位置，并调整其大小，效果如图 5-13 所示，在"图层"控制面板中生成新图层并将其命名为"图片"。

（3）选择"标尺"工具 ，在图像窗口的左侧单击并向右下侧拖曳出现测量的线段，松开鼠标左键，确定测量的终点，效果如图 5-14 所示。

（4）在"标尺"工具属性栏中单击"拉直图层"按钮 拉直图层 ，拉直图像，效果如图 5-15 所示。拖曳图片到适当的位置，并调整其大小，制作出图 5-16 所示的效果。

图 5-13

图 5-14

图 5-15

图 5-16

（5）单击"图层"控制面板下方的"创建新的填充或调整图层"按钮 ，在弹出的菜单中选择"色阶"命令，在"图层"控制面板中生成"色阶 1"图层，同时在弹出的"色阶"面板中进行设置，如图 5-17 所示。按 Enter 键确定操作，图像效果如图 5-18 所示。

（6）将前景色设为白色。选择"横排文字"工具 ，在适当的位置分别输入需要的文字并选中文字，在其属性栏中选择合适的字体并设置大小，效果如图 5-19 所示，在"图层"控制面板中生成新的文字图层。至此，古都西安公众号封面首图制作完成。

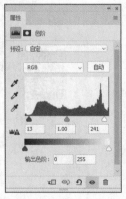

图 5-17

图 5-18

图 5-19

5.1.4　抓手工具

"抓手"工具可以用来移动图像，以改变图像在窗口中的显示位置。启用"抓手"工具🖐️有以下几种方法。

● 单击工具箱中的"抓手"工具🖐️。

● 按 H 键。

● 按住 Spacebar（空格）键。

启用"抓手"工具🖐️，其属性栏如图 5-20 所示。通过单击其属性栏中的 3 个按钮，即可调整图像的显示效果，如图 5-21～图 5-23 所示。双击"抓手"工具🖐️，将自动调整图像大小以适应屏幕的显示范围。

图 5-20

图 5-21

图 5-22

图 5-23

5.2　图像的移动、复制和删除

在 Photoshop 2020 中，可以非常便捷地移动、复制和删除图像。下面将具体讲解图像的移动、复制和删除方法。

5.2.1　图像的移动

要想在操作过程中随时按需要移动图像，就必须掌握移动图像的方法。

1. 移动工具

使用"移动"工具可以将图层中的整幅图像或选定区域中的图像移动到指定位置。启用"移动"工具 ⊕ 有以下两种方法。

● 单击工具箱中的"移动"工具 ⊕ 。

● 按 V 键。

启用"移动"工具 ⊕ ，其属性栏如图 5-24 所示。

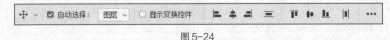

图 5-24

在"移动"工具属性栏中，"自动选择"选项用于自动选择光标所在的图像层，"显示变换控件"选项用于对选取的图层进行各种变换。该属性栏中还提供几种图层排列和分布方式的按钮。

2. 移动图像

在移动图像前，选择要移动的图像区域，如果不选择图像区域，将移动整个图像。移动图像有以下几种方法。

（1）使用"移动"工具移动图像

打开一幅图像，使用"矩形选框"工具 ▢ 绘制出要移动的图像区域，效果如图 5-25 所示。

启用"移动"工具 ⊕ ，将鼠标指针放在选区中，鼠标指针变为图标 ▶️ ，如图 5-26 所示。按住鼠标左键，拖曳到适当的位置，选区内的图像被移动，原来的选区位置被背景色填充，效果如图 5-27 所示。按 Ctrl+D 组合键，取消选区，移动完成。

图 5-25

图 5-26

图 5-27

（2）使用菜单命令移动图像

打开一幅图像，使用"椭圆选框"工具 ⬭ 绘制出要移动的图像区域，效果如图 5-28 所示。选择"编辑 > 剪切"命令或按 Ctrl+X 组合键，选区被背景色填充，效果如图 5-29 所示。

选择"编辑 > 粘贴"命令或按 Ctrl+V 组合键，将选区内的图像粘贴在新图层中，使用"移动"工具 ⊕ 可以移动新图层中的图像，效果如图 5-30 所示。

图 5-28

图 5-29

图 5-30

（3）使用快捷键移动图像

打开一幅图像，使用"椭圆选框"工具 ◯ 绘制出要移动的图像区域，效果如图 5-31 所示。

按 Ctrl+方向组合键，可以将选区内的图像沿移动方向移动 1 像素，效果如图 5-32 所示；按 Shift+方向组合键，可以将选区内的图像沿移动方向移动 10 像素，效果如图 5-33 所示。

图 5-31　　　　　　　　　图 5-32　　　　　　　　　图 5-33

 提示　　如果想将当前图像中选区内的图像移动到另一幅图像中，只要使用"移动"工具 ✛ 将选区内的图像拖曳到另一幅图像中即可。使用相同的方法也可以将当前图像拖曳到另一幅图像中。

5.2.2　图像的复制

要想在操作过程中随时按需要复制图像，就必须掌握复制图像的方法。在复制图像前，选择需要复制的图像区域，如果不选择图像区域，将不能复制图像。复制图像有以下几种方法。

（1）使用移动工具复制图像

打开一幅图像，使用"椭圆选框"工具 ◯ 绘制出要复制的图像区域，效果如图 5-34 所示。

启用"移动"工具 ✛ ，将鼠标指针放在选区中，鼠标指针变为图标 ▶，按住 Alt 键，光标变为图标 ▶，如图 5-35 所示。同时，按住鼠标左键，拖曳选区内的图像到适当的位置，松开鼠标左键和 Alt 键，图像复制完成，效果如图 5-36 所示。按 Ctrl+D 组合键，取消选区。

图 5-34　　　　　　　　　图 5-35　　　　　　　　　图 5-36

（2）使用菜单命令复制图像

打开一幅图像，使用"椭圆选框"工具 ◯ 绘制出要复制的图像区域，效果如图 5-37 所示。选择"编辑 > 拷贝"命令或按 Ctrl+C 组合键，将选区内的图像复制。这时，屏幕上的图像并没有变化，但系统已将复制的图像粘贴到剪贴板中了。

选择"编辑 > 粘贴"命令或按 Ctrl+V 组合键，将选区内的图像粘贴在生成的新图层中，这样复制的图像就在原图的上面一层了，使用"移动"工具 ⊕ 移动复制的图像，如图 5-38 所示。

图 5-37   图 5-38

（3）使用快捷键复制图像

打开一幅图像，使用"椭圆选框"工具 ◯ 绘制出要复制的图像区域，效果如图 5-39 所示。

按住 Ctrl+Alt 组合键，鼠标指针变为图标 ▶，如图 5-40 所示。同时，按住鼠标左键，拖曳选区内的图像到适当的位置，松开鼠标左键、Ctrl 键和 Alt 键，图像复制完成，效果如图 5-41 所示。按 Ctrl+D 组合键，取消选区。

图 5-39   图 5-40   图 5-41

5.2.3 图像的删除

要想在操作过程中随时按需要删除图像，就必须掌握删除图像的方法。在删除图像前，选择需要删除的图像区域，如果不选择图像区域，将不能删除图像。删除图像有以下两种方法。

（1）使用菜单命令删除图像

打开一幅图像，使用"椭圆选框"工具 ◯ 绘制出要删除的图像区域，效果如图 5-42 所示，选择"编辑 > 清除"命令，将选区内的图像删除，效果如图 5-43 所示。按 Ctrl+D 组合键，取消选区。

图 5-42   图 5-43

提示

删除后的图像区域由背景色填充。如果是在图层中，删除后的图像区域将显示下面一层的图像。

（2）使用快捷键删除图像

打开一幅图像，使用"椭圆选框"工具 ⊙ 绘制出要删除的图像区域。按 Delete 键或 Backspace 键，将选区内的图像删除。按 Ctrl+D 组合键，取消选区。

5.3　图像的裁剪和变换

通过图像的裁剪和变换，可以设计制作出丰富多变的图像效果。下面将具体讲解图像裁剪和变换的方法。

5.3.1　图像的裁剪

在实际的设计制作工作中，经常有一些图像的构图和比例不符合设计要求，这就需要对这些图片进行裁剪。下面就对其进行具体介绍。

1. 裁剪工具

使用"裁剪"工具可以在图像或图层中裁剪所选定的区域（裁剪框）。裁剪框确定后，其边缘将出现 8 个控制手柄，用于改变裁剪框的大小，还可以用鼠标指针旋转裁剪框。裁剪框确定之后，双击裁剪框或单击工具箱中的其他任意一个工具，然后在弹出的裁剪提示框中单击"裁剪"按钮，确定即可完成裁剪。

启用"裁剪"工具 ㅁ. 有以下两种方法。

● 单击工具箱中的"裁剪"工具 ㅁ.。

● 按 C 键。

启用"裁剪"工具 ㅁ.，其属性栏如图 5-44 所示。

图 5-44

在"裁剪"工具属性栏中，单击"比例"按钮 [比例   ⌄]，弹出其下拉菜单，如图 5-45 所示。

"比例"选项用于自由调整裁剪框的大小；"宽×高×分辨率"选项用于设置图像的宽度、高度和分辨率，这样可按照设置的尺寸裁剪图像；"原始比例"选项用于保持图像原始的长宽比以调整裁剪框；"新建裁剪预设"选项用于将当前创建的长宽比保存；"删除裁剪预设"选项用于将当前创建的长宽比删除。

[⇄   ]：用于自定义裁剪框的长宽比。

[清除]：用于清除长宽比值。

[⌐]：用于快速拉直倾斜的图像。

[⊞]：用于选择裁剪方式。

单击"裁剪"工具属性栏中的"设置其他裁剪选项"按钮 ✿，弹出其下拉菜单，如图 5-46 所示。

选择"使用经典模式"复选框可以使用 Photoshop 2020 以前版本的"裁

图 5-45

图 5-46

剪"工具模式来编辑，选择"启用裁剪屏蔽"复选框可以设置裁剪框外的区域颜色和不透明度。

"删除裁剪像素"：用于删除被裁剪的图像。

2. 裁剪图像

（1）使用"裁剪"工具 ⊈ 裁剪图像

打开一幅图像，启用"裁剪"工具 ⊈ ，在图像中按住鼠标左键，拖曳到适当的位置，松开鼠标左键，绘制出矩形裁剪框，效果如图 5-47 所示。

在矩形裁剪框内双击或按 Enter 键，可以完成图像的裁剪，效果如图 5-48 所示。

图 5-47

图 5-48

将鼠标指针放在裁剪框的边界上，拖曳可以调整裁剪框的大小，如图 5-49 所示。拖曳裁剪框上的控制点也可以缩放裁剪框。按住 Shift 键拖曳，可以等比例缩放，如图 5-50 所示。将鼠标指针放在裁剪框外，拖曳可旋转裁剪框，如图 5-51 所示。

图 5-49

图 5-50

图 5-51

将鼠标指针放在裁剪框内，拖曳可以移动裁剪框，如图 5-52 所示。单击"裁剪"工具属性栏中的"提交当前裁剪操作"按钮 ✓ 或按 Enter 键，即可裁剪图像，效果如图 5-53 所示。

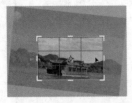

图 5-52

图 5-53

（2）使用菜单命令裁剪图像

使用"矩形选框"工具 ▢ ，在图像中绘制出要裁剪的图像区域，效果如图 5-54 所示。选择"图像 > 裁剪"命令，可按选区进行图像的裁剪，按 Ctrl+D 组合键，取消选区，效果如图 5-55 所示。

3. 透视裁剪工具

在拍摄高大的建筑时，由于视角较低，竖直的线条会向消失点集中，从而产生透视畸变。Photoshop 2020 新增的"透视裁剪"工具能够较好地解决这个问题。

启用"透视裁剪"工具 ▦ 有以下两种方法。

图 5-54

图 5-55

- 单击工具箱中的"透视裁剪"工具 。
- 按 Shift+C 组合键。

启用"透视裁剪"工具 ，其属性栏如图 5-56 所示。

图 5-56

"W""H"选项分别用于设置图像的宽度和高度，单击"高度和宽度互换"按钮 可以互换高度和宽度数值；"分辨率"选项用于设置图像的分辨率；"前面的图像"按钮用于在宽度、高度和分辨率文本框中显示当前文档的尺寸和分辨率，如果同时打开两个文档，则会显示另外一个文档的尺寸和分辨率；"清除"按钮用于清除宽度、高度和分辨率文本框中的数值。勾选"显示网格"复选框可以显示网格线，取消勾选则隐藏网格线。

4. 透视裁剪图像

打开一幅图像，效果如图 5-57 所示，可以观察到两侧的建筑向中间倾斜，这是透视畸变的明显特征。选择"透视裁剪"工具 ，在图像窗口中单击并拖曳，绘制矩形裁剪框，如图 5-58 所示。

图 5-57

图 5-58

将鼠标指针放置在裁剪框左上角的控制手柄上，按 Shift 键的同时，向右侧拖曳控制手柄，将右上角的控制手柄向左拖曳，这样使顶部的两个边角和建筑的边缘保持平行，如图 5-59 所示。单击"裁剪"工具属性栏中的"提交当前裁剪操作"按钮 或按 Enter 键，即可裁剪图像，效果如图 5-60 所示。

图 5-59

图 5-60

5.3.2 图像画布的变换

要想根据设计制作的需要改变画布的大小，就必须掌握图像画布的变换方法。

图像画布的变换将对整个图像起作用。选择"图像 > 图像旋转"命令的下拉菜单，如图 5-61 所示，可以对整个图像进行编辑。

画布旋转固定角度后的效果如图 5-62 所示。

图 5-61

原图像

180 度

顺时针 90 度

逆时针 90 度

水平翻转画布

垂直翻转画布

图 5-62

选择"任意角度"命令，弹出"旋转画布"对话框，如图 5-63 所示。设定任意角度后的画布效果如图 5-64 所示。

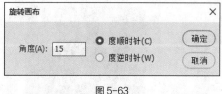

图 5-63

图 5-64

5.3.3 图像选区的变换

在操作过程中，可以根据设计和制作的需要变换已经绘制好的选区。下面就对其进行具体介绍。

在图像中绘制好选区，选择"编辑 > 自由变换"或"变换"命令，可以对图像的选区进行各种变换。"变换"命令的下拉菜单如图 5-65 所示。

图像选区的变换有以下两种方法。

（1）使用菜单命令变换图像的选区

打开一幅图像，使用"椭圆选框"工具 绘制出选区，效果如图 5-66 所示。选择"编辑 > 变换 > 缩放"命令，拖曳变换框的控制手柄，可以对图像选区进行自由的缩放，效果如图 5-67 所示。

选择"编辑 > 变换 > 旋转"命令，拖曳变换框，可以对图像选区进行自由的旋转，效果如图 5-68 所示。

图 5-65　　　　　　　　　图 5-66　　　　　　　　　图 5-67　　　　　　　　　图 5-68

　　选择"编辑 > 变换 > 斜切"命令,拖曳变换框的控制手柄,可以对图像选区进行斜切调整,效果如图 5-69 所示。

　　选择"编辑 > 变换 > 扭曲"命令,拖曳变换框的控制手柄,可以对图像选区进行扭曲调整,效果如图 5-70 所示。

　　选择"编辑 > 变换 > 透视"命令,拖曳变换框的控制手柄,可以对图像选区进行透视调整,效果如图 5-71 所示。

　　选择"编辑 > 变换 > 变形"命令,拖曳变换框的控制手柄,可以对图像选区进行变形调整,效果如图 5-72 所示。

图 5-69　　　　　　　　　图 5-70　　　　　　　　　图 5-71　　　　　　　　　图 5-72

　　选择"编辑 > 变换 > 水平拆分变形"命令,拖曳变换框的控制手柄,可以对图像选区进行水平拆分变形调整,效果如图 5-73 所示。

　　选择"编辑 > 变换 > 垂直拆分变形"命令,拖曳变换框的控制手柄,可以对图像选区进行垂直拆分变形调整,效果如图 5-74 所示。

　　选择"编辑 > 变换 > 交叉拆分变形"命令,拖曳变换框的控制手柄,可以对图像选区进行交叉拆分变形调整,效果如图 5-75 所示。

　　选择"编辑 > 变换 > 移去变形拆分"命令,拖曳变换框的控制手柄,可以移去变形拆分,效果如图 5-76 所示。

图 5-73　　　　　　　　　图 5-74　　　　　　　　　图 5-75　　　　　　　　　图 5-76

选择"编辑 > 变换 > 缩放"命令，再选择"旋转 180 度""顺时针旋转 90 度""逆时针旋转 90 度"菜单命令，可以直接对图像选区进行角度的调整，效果如图 5-77 所示。

旋转 180 度 　　　　　　 顺时针旋转 90 度 　　　　　　 逆时针旋转 90 度

图 5-77

选择"编辑 > 变换 > 缩放"命令，再选择"水平翻转"和"垂直翻转"命令，可以直接对图像选区进行翻转的调整，效果如图 5-78 和图 5-79 所示。

（2）使用快捷键变换图像的选区

打开一幅图像，使用"椭圆选框"工具 ○ 绘制出选区。按 Ctrl+T 组合键，出现变换框，拖曳变换框的控制手柄，可以对图像选区进行自由的缩放。按住 Shift 键，拖曳变换框的控制手柄，可以等比例缩放图像。

图 5-78

将鼠标指针放在变换框的控制手柄外边，鼠标指针变为旋转图标 ↺，拖曳可以旋转图像，效果如图 5-80 所示。

在"椭圆选框"工具属性栏中勾选"切换参考点"复选框，显示中心点。拖曳中心点可以将其放到其他位置，将中心点拖曳到适当的位置并旋转适当的角度，效果如图 5-81 所示。

按住 Ctrl+Shift 组合键的同时，分别拖曳变换框的中间控制手柄，可以使图像斜切变形，效果如图 5-82 所示。

图 5-79 　　　　　 图 5-80 　　　　　 图 5-81 　　　　　 图 5-82

按住 Alt+Shift 组合键的同时，分别拖曳变换框的中间控制手柄，可以使图像对称变形，效果如图 5-83 所示。

按住 Ctrl 键的同时，拖曳变换框的 4 个控制手柄，可以使图像任意变形，效果如图 5-84 所示。

按住 Ctrl+Shift+Alt 组合键的同时，拖曳变换框的 4 个控制手柄，可以使图像透视变形，效果如图 5-85 所示。

图 5-83 　　　　　　　 图 5-84 　　　　　　　 图 5-85

5.3.4　课堂案例——为产品添加标识

为产品添加标识

【案例学习目标】学习使用合成工具和面板添加标识。

【案例知识要点】使用"自定形状"工具、"转换为智能对象"命令和"变换"命令添加标识，使用"添加图层样式"按钮制作标识投影。最终效果如图 5-86 所示。

【效果文件位置】云盘\Ch05\效果\为产品添加标识.psd。

（1）打开 Photoshop2020，按 Ctrl+N 组合键，弹出"新建文档"对话框。设置宽度为 800 像素，高度为 800 像素，分辨率为 72 像素/英寸，色彩模式为 RGB 模式，背景色为白色，单击"创建"按钮，新建一个文件。

（2）按 Ctrl+O 组合键，打开云盘中的"Ch05 > 素材 > 为产品添加标识 > 01"文件。选择"移动"工具 ，将"01"图片拖曳到新建的图像窗口中适当的位置并调整大小，效果如图 5-87 所示，在"图层"控制面板中生成新的图层并将其命名为"产品"。

图 5-86

图 5-87

（3）选择"窗口 > 形状"命令，弹出"形状"控制面板，如图 5-88 所示。单击控制面板右上方的 图标，弹出其菜单，选择"旧版形状及其他"命令即可添加旧版形状。

（4）选择"自定形状"工具 ，单击其属性栏中的"形状"选项右侧的按钮 ，弹出"形状"面板，选择"旧版形状及其他 > 所有旧版默认形状 > 旧版默认形状"中需要的图形，如图 5-89 所示。在该属性栏的"选择工具模式"下拉列表框中选择"形状"，在图像窗口中适当的位置绘制图形，效果如图 5-90 所示，在"图层"控制面板中生成新的形状图层并将其命名为"标识"。

图 5-88

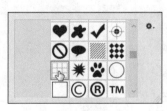
图 5-89

图 5-90

（5）在"标识"图层上单击鼠标右键，在弹出的菜单中选择"转换为智能对象"命令，将形状图层转换为智能对象图层，效果如图 5-91 所示。按 Ctrl+T 组合键，在图像周围出现变换框，在变换框中单击鼠标右键，在弹出的菜单中选择"变形"命令，拖曳控制手柄调整形状。按 Enter 键确定操作，效果如图 5-92 所示。

图 5-91　　　　　　　　　　　　　　　　　图 5-92

（6）双击"标识"图层的图层缩览图，将智能对象在新窗口中打开，如图 5-93 所示。按 Ctrl+O 组合键，打开云盘中的"Ch05 > 素材 > 为产品添加标识 > 02"文件。选择"移动"工具 ，将 "02"图片拖曳到标识图像窗口中适当的位置并调整大小，图像效果如图 5-94 所示。

（7）单击"标识"图层左侧的眼睛图标 ，隐藏该图层，如图 5-95 所示。按 Ctrl+S 组合键，存储图像文件，并关闭文件。返回到新建的图像窗口中，图像效果如图 5-96 所示。

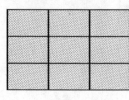

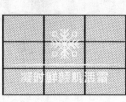

图 5-93　　　　　　图 5-94　　　　　　图 5-95　　　　　　图 5-96

（8）单击"图层"控制面板下方的"添加图层样式"按钮 ，在弹出的菜单中选择"投影"命令，弹出对话框，选项的设置如图 5-97 所示。单击"确定"按钮，图像效果如图 5-98 所示。

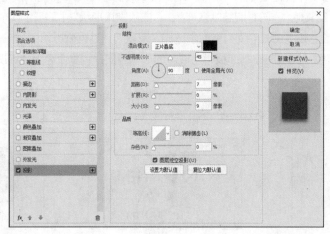

图 5-97

（9）按 Ctrl+O 组合键，打开云盘中的"Ch05 > 素材 > 为产品添加标识 > 03"文件。选择"移动"工具 ，将"03"图片拖曳到新建的图像窗口中适当的位置，效果如图 5-99 所示，在"图层"控制面板中生成新的图层并将其命名为"边框"，如图 5-100 所示。至此，为产品添加标识制作完成。

图 5-98

图 5-99

图 5-100

课后习题——制作房屋地产类公众号信息图

【习题知识要点】使用"裁剪"工具裁剪图像，使用"移动"工具移动图像。最终效果如图 5-101
所示。

图 5-101

【效果文件位置】云盘\Ch05\效果\制作房屋地产类公众号信息图.psd。

第 6 章
调整图像的色彩和色调

调整图像的色彩是 Photoshop 2020 的强项。本章将全面系统地讲解调整图像色彩的知识。读者通过学习本章，应了解并掌握调整图像色彩的方法和技巧，并能将所学知识灵活应用到实际的设计制作任务中。

课堂学习目标

- ✔ 掌握色阶、自动色调、自动对比度和自动颜色的使用方法
- ✔ 掌握曲线、色彩平衡、亮度/对比度和色相/饱和度的处理技巧
- ✔ 掌握去色、匹配颜色、替换颜色和可选颜色的处理技巧
- ✔ 握通道混合器、渐变映射、照片滤镜和阴影/高光的使用方法
- ✔ 掌握反相、色调均化、阈值和色调分离的处理技巧

素养目标

- ✔ 培养学生活学活用的能力
- ✔ 加深学生对中华传统文化的热爱

6.1 图像调整

使用图像调整工具可以提高用户编辑和处理图像的效率。

选择"图像 > 调整"命令，弹出"调整"命令的下拉菜单，如图 6-1 所示。"调整"命令可以用来调整图像的层次、对比度及色彩变化。

图 6-1

6.2 色阶和自动色调

"色阶"命令和"自动色调"命令可以用来调节图像的对比度、饱和度和灰度。

6.2.1 色阶

"色阶"命令用于调整图像的对比度、饱和度及灰度。打开一幅图像，如图 6-2 所示，选择"色阶"命令，或按 Ctrl+L 组合键，弹出"色阶"对话框，如图 6-3 所示。

图 6-2

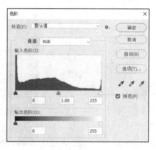

图 6-3

在对话框中，中央是一个直方图，其横坐标表示亮度值，范围为 0 ~ 255，纵坐标为图像像素数。

- "通道"选项：可以从其下拉列表中选择不同的通道来调整图像，如果想选择两个以上的色彩通道，要先在"通道"控制面板中选择所需要的通道，再打开"色阶"对话框。
- "输入色阶"选项：控制图像选定区域的最暗和最亮色彩，通过输入数值或拖曳滑块来调整图像。左侧的数值框和左侧的黑色滑块用于调整黑色，图像中低于该亮度值的所有像素将变为黑色；中间的数值框和中间的灰色滑块用于调整灰度，其数值范围为 0.10 ~ 9.99，1.00 为中性灰度，数值大于 1.00 时，将降低图像中间灰度，数值小于 1.00 时，将提高图像中间灰度；右侧的数值框和右侧的白色滑块用于调整白色，图像中高于该亮度值的所有像素将变为白色。

下面为调整"输入色阶"的 3 个滑块后，图像产生的不同色彩效果，分别如图 6-4 ~ 图 6-7 所示。

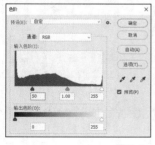

图 6-4

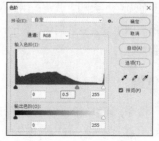

图 6-5

- "输出色阶"选项：可以通过输入数值或拖曳滑块来控制图像的亮度范围（左侧数值框和左侧黑色滑块用于调整图像最暗像素的亮度，右侧数值框和右侧白色滑块用于调整图像最亮像素的亮度），输出色阶的调整将增加图像的灰度，降低图像的对比度。
- "预览"复选框：勾选该复选框，可以即时显示图像的调整结果。

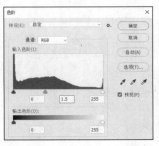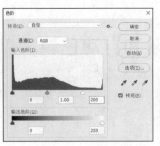

图 6-6　　　　　　　　　　　　　　　　　　图 6-7

下面为调整"输出色阶"的两个滑块后，图像产生的不同色彩效果，分别如图 6-8 和图 6-9 所示。

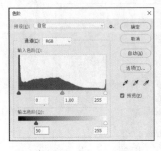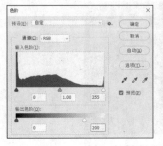

图 6-8　　　　　　　　　　　　　　　　　　图 6-9

● "自动"按钮：可自动调整图像并设置层次。单击"选项"按钮，弹出"自动颜色校正选项"对话框，可以看到系统将以 0.10% 的幅度来对图像进行加亮和变暗，如图 6-10 所示。

 提示　　按住 Alt 键，"取消"按钮变成"复位"按钮。单击"复位"按钮可以将刚调整过的色阶复位还原，重新进行设置。此方法也适用于下面要讲解的颜色命令。

3 个吸管工具 🖋 🖋 🖋 分别是黑色吸管工具、灰色吸管工具和白色吸管工具。选中黑色吸管工具，用黑色吸管工具在图像中单击，图像中暗于单击点的所有像素都会变为黑色；用灰色吸管工具在图像中单击，单击点的像素都会变为灰色，图像中的其他颜色也会随之调整；用白色吸管工具在图像中单击，图像中亮于单击点的所有像素都会变为白色。双击吸管工具，可在颜色"拾色器"对话框中设置吸管颜色。

图 6-10

6.2.2　自动色调

选择"自动色调"命令，可以对图像的色阶进行自动调整。系统将以 0.10% 的幅度来对图像进行加亮和变暗。按住 Shift+Ctrl+L 组合键，可以对图像的色调进行自动调整。

6.3　自动对比度和自动颜色

使用 Photoshop 2020 可以对图像的对比度和颜色进行自动调整。

6.3.1 自动对比度

选择"自动对比度"命令，可以对图像的对比度进行自动调整。按 Alt+Shift+Ctrl+L 组合键，可以启动"自动对比度"命令。

6.3.2 自动颜色

选择"自动颜色"命令，可以对图像的色彩进行自动调整。按 Shift+Ctrl+B 组合键，可以启动"自动颜色"命令。

6.4 曲线

选择"曲线"命令，可以通过调整图像色彩曲线上的任意一个像素点来改变图像的色彩范围。下面将对其进行具体的讲解。

打开一幅图像，如图 6-11 所示。选择"曲线"命令，或按 Ctrl+M 组合键，弹出"曲线"对话框，如图 6-12 所示。将鼠标指针移到乐器图像上单击，如图 6-13 所示，"曲线"对话框的图表中会出现一个小方块，它表示刚才在图像中单击处的像素数值，如图 6-14 所示。

在对话框中，"通道"选项可以用来选择调整图像的颜色通道。

图表中的 x 轴为色彩的输入值，y 轴为色彩的输出值。曲线代表输入和输出色阶的关系。

绘制曲线工具 ∿ ✐，在默认状态下使用的是工具 ∿，使用它在图表曲线上单击，可以增加控制点，按住鼠标左键拖曳控制点可以改变曲线的形状，拖曳控制点到图表外将删除控制点。使用工具 ✐ 可以在图表中绘制出任意曲线，单击右侧的"平滑"按钮 平滑(M) 可使曲线变得平滑。按住 Shift 键，使用工具 ✐ 可以绘制出直线。

图 6-11

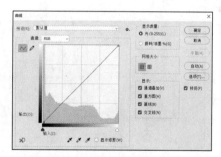

图 6-12

图 6-13

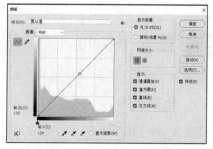

图 6-14

输入和输出的数值显示的是图表中鼠标指针所在位置的亮度值。

使用"自动"按钮 自动(A) 可自动调整图像的亮度。

调整曲线后，效果分别如图 6-15 ~ 图 6-17 所示。

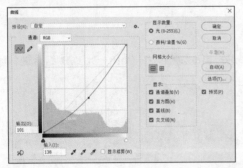 

图 6-15

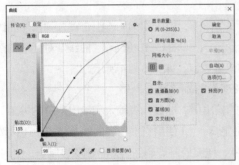 

图 6-16

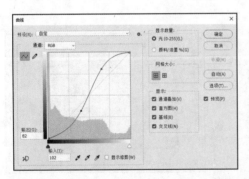 

图 6-17

6.5 色彩平衡度

6.5.1 色彩平衡

"色彩平衡"命令用于调节图像的色彩平衡度。打开一幅图像，效果如图 6-18 所示。选择"色彩平衡"命令，或按 Ctrl+B 组合键，弹出"色彩平衡"对话框，如图 6-19 所示。

在对话框中,"色调平衡"选项组用于选取图像的阴影、中间调、高光选项;"色彩平衡"选项组用于在上述选区中添加过渡色来平衡色彩效果,拖曳滑块可以调整整个图像的色彩,也可以在"色阶"文本框中输入数值调整整个图像的色彩;"保持明度"选项用于保持原图像的明度。

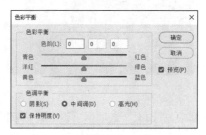

图 6-18   图 6-19

调整色彩平衡后的图像效果分别如图 6-20 ~ 图 6-22 所示。

图 6-20

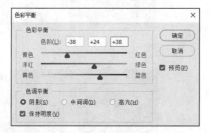

图 6-21

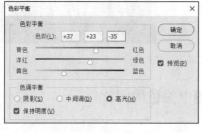

图 6-22

6.5.2 色相/饱和度

"色相/饱和度"命令可以用来调节图像的色相和饱和度。打开一幅图像,如图 6-23 所示。选择"色相/饱和度"命令,或按 Ctrl+U 组合键,弹出"色相/饱和度"对话框,如图 6-24 所示。

图 6-23

图 6-24

在对话框中，"预设"选项用于设定要调整的色彩范围；可以通过拖曳各项中的滑块来调整图像的色相、饱和度和明度；在颜色选项中选择"红色"，拖曳两条色带间的滑块，使图像的色彩更符合要求，按图 6-25 所示进行设置，图像效果如图 6-26 所示。

"着色"选项用于在由灰度模式转化而来的色彩模式图像中添加需要的颜色。勾选"着色"复选框，按图 6-27 所示进行设定，图像效果如图 6-28 所示。

图 6-25

图 6-26

图 6-27

图 6-28

6.5.3 课堂案例——修正详情页主图中偏色的图片

【案例学习目标】学习使用图像"调整"命令下的"色相/饱和度"命令调整偏色的图片。

【案例知识要点】使用"移动"工具添加素材图片，使用"色相/饱和度"命令调整图片的色调。最终效果如图 6-29 所示。

修正详情页主图中偏色的图片

图 6-29

【效果文件位置】云盘\Ch06\效果\修正详情页主图中偏色的图片.psd。

（1）打开 Photoshop 2020，按 Ctrl+N 组合键，弹出"新建文档"对话框。设置宽度为 800 像素，高度为 800 像素，分辨率为 72 像素/英寸，色彩模式为 RGB 模式，背景色为白色，单击"创建"按钮，新建一个文件。

（2）按 Ctrl＋O 组合键，打开云盘中的"Ch06 > 素材 > 修正详情页主图中偏色的图片 > 01"文件，选择"移动"工具 ⊕.，将"01"图片拖曳到新建的图像窗口中适当的位置，效果如图 6-30 所示。在"图层"控制面板中生成新的图层并将其命名为"包包"，如图 6-31 所示。

图 6-30   图 6-31

（3）选择"图像 > 调整 > 色相/饱和度"命令，在弹出的对话框中进行设置，如图 6-32 所示。单击颜色选项，在弹出的下拉列表中选择"红色"选项，进行相应设置，如图 6-33 所示。

图 6-32   图 6-33

（4）单击颜色选项，在弹出的下拉列表中选择"黄色"选项，进行设置，如图 6-34 所示。单击颜色选项，在弹出的下拉列表中选择"绿色"选项，进行相应设置，如图 6-35 所示。

图 6-34   图 6-35

（5）单击颜色选项，在弹出的下拉列表中选择"洋红"选项，进行相应设置，如图 6-36 所示。单击"确定"按钮，效果如图 6-37 所示。

图 6-36

图 6-37

（6）按 Ctrl+O 组合键，打开云盘中的"Ch06 > 素材 > 修正详情页主图中偏色的图片 > 02"文件，效果如图 6-38 所示。选择"移动"工具 ，将"02"图片拖曳到新建的图像窗口中适当的位置，效果如图 6-39 所示，在"图层"控制面板中生成新的图层并将其命名为"文字"。至此，详情页主图中偏色的图片修正完成。

图 6-38

图 6-39

6.6 亮度/对比度

"亮度/对比度"命令可以用来调节整个图像的亮度和对比度。打开一幅图像，如图 6-40 所示。选择"亮度/对比度"命令，弹出"亮度/对比度"对话框，如图 6-41 所示。

在对话框中，可以通过拖曳亮度和对比度的滑块来调整图像的亮度和对比度，如图 6-42 所示。设置完成后，单击"确定"按钮，效果如图 6-43 所示。

图 6-40

图 6-41

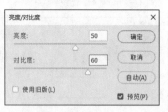

图 6-42

图 6-43

6.7 颜色

使用"去色""匹配颜色""替换颜色""可选颜色"命令可以便捷地改变图像的颜色。

6.7.1　去色

"去色"命令用于去除图像中的颜色。选择"去色"命令，或按 Shift+Ctrl+U 组合键，可以去掉图像的色彩，使图像变为灰度图像，但图像的色彩模式并不改变。"去色"命令可以应用于图像的选区，对选区中的图像进行去掉图像色彩的处理。

6.7.2　匹配颜色

"匹配颜色"命令用于对不同色调的图像进行调整，将其统一成一个协调的色调，在做图像合成的时候非常方便实用。

打开两幅不同色调的图像，分别如图 6-44 和图 6-45 所示。选择需要调整的图像，选择"匹配颜色"命令，弹出"匹配颜色"对话框，先在"源"下拉列表框中选择匹配文件的名称，然后设置其他各选项，如图 6-46 所示。单击"确定"按钮，对图像进行调整，效果如图 6-47 所示。

图 6-44

图 6-45

图 6-46

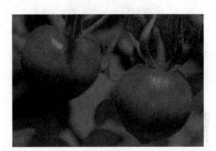

图 6-47

"目标"选项中显示了所选择匹配文件的名称。

如果当前调整的图像中有选区，勾选"应用调整时忽略选区"复选框，可以忽略图中的选区调整整幅图像的颜色，效果如图 6-48 所示；取消勾选"应用调整时忽略选区"复选框，可以调整图中选区内的颜色，效果如图 6-49 所示。

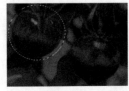

图 6-48

图 6-49

在"图像选项"选项组中可以通过拖曳滑块来分别调整图像的"明亮度""颜色强度""渐隐"的数值，并可以设置"中和"选项，以确定调整的方式。

在"图像统计"选项组中可以设置图像的颜色来源。

6.7.3 替换颜色

使用"替换颜色"命令能够对图像中的颜色进行替换。打开一幅图像，如图6-50所示。选择"替换颜色"命令，弹出"替换颜色"对话框，如图6-51所示。选中"选区"单选按钮，可以创建蒙版并通过拖曳滑块来调整蒙版内图像的色相、饱和度和明度。

图6-50

图6-51

用"吸管"工具在图像中取样颜色，调整图像的色相、饱和度和明度，此时"替换颜色"对话框如图6-52所示，取样的颜色被替换成新的颜色，效果如图6-53所示。单击"颜色"选项和"结果"选项的色块，都会弹出"拾色器"对话框，可以在对话框中输入数值设置精确的颜色。

图6-52

图6-53

6.7.4 课堂案例——制作女装网店详情页主图

【案例学习目标】学习使用图像"调整"命令下的"替换颜色"命令制作出需要的效果。

【案例知识要点】使用"替换颜色"命令更换人物衣服的颜色，使用"矩形选框"工具绘制选区并删除不需要的图像。最终效果如图6-54所示。

图6-54

制作女装网店
详情页主图

【效果文件位置】云盘\Ch06\效果\制作女装网店详情页主图.psd。

（1）打开 Photoshop 2020，按 Ctrl+N 组合键，弹出"新建文档"对话框。设置宽度为 800 像素，高度为 800 像素，分辨率为 72 像素/英寸，色彩模式为 RGB 模式，背景色为黄色（245、253、163），单击"创建"按钮，新建一个文件，如图 6-55 所示。

（2）按 Ctrl+O 组合键，打开云盘中的"Ch06 > 素材 > 制作女装网店详情页主图 > 01"文件，选择"移动"工具 ⊕，将"01"图片拖曳到新建图像窗口中适当的位置，并调整其大小，效果如图 6-56 所示，在"图层"控制面板中生成新的图层并将其命名为"人物"。按 Ctrl+J 组合键，复制"人物"图层，生成新的图层"人物 拷贝"，如图 6-57 所示。

图 6-55   图 6-56   图 6-57

（3）选择"图像 > 调整 > 替换颜色"命令，弹出"替换颜色"对话框，在图像窗口中橙色衣服处单击，取样颜色，如图 6-58 所示。选中"添加到取样"按钮 🖋，再次在图像窗口中不同深浅程度的橙色区域单击，与单击处颜色相同或相近的区域在"替换颜色"对话框中显示为白色，其他选项的设置如图 6-59 所示。单击"确定"按钮，图像效果如图 6-60 所示。

图 6-58   图 6-59   图 6-60

（4）选择"矩形选框"工具 ▭，在其属性栏中进行设置，如图 6-61 所示。在图像窗口中拖曳绘制矩形选区，如图 6-62 所示。按 Delete 键，删除选区中的内容，按 Ctrl+D 组合键，取消选区，效果如图 6-63 所示。

（5）按 Ctrl+O 组合键，打开云盘中的"Ch06 > 素材 > 制作女装网店详情页主图 > 02"文件，选择"移动"工具 ⊕，将"02"图片拖曳到新建图像窗口中适当的位置，效果如图 6-64 所示，在"图层"控制面板中生成新的图层并将其命名为"活动信息"。至此，女装网店详情页主图制作完成。

▭ ∨	■ ▫ ▫ ▫	羽化: 0 像素	☐ 消除锯齿	样式: 固定大小 ∨	宽度: 400 像	⇄	高度: 800 像	选择并遮住 …

图 6-61

图 6-62

图 6-63

图 6-64

6.7.5　可选颜色

使用"可选颜色"命令能够将图像中的颜色替换成选择后的颜色。

打开一幅图像，如图 6-65 所示。选择"可选颜色"命令，弹出"可选颜色"对话框。在"颜色"下拉列表框中可以选择图像中含有的不同色彩，如图 6-66 所示。可以通过拖曳滑块调整青色、洋红、黄色、黑色的百分比，并确定调整方法是"相对"或是"绝对"。

调整"可选颜色"对话框中的各选项，如图 6-67 所示，调整后图像的效果如图 6-68 所示。

图 6-65

图 6-66　　　　图 6-67

图 6-68

6.8　通道混合器和渐变映射

"通道混合器"命令和"渐变映射"命令用于调整图像的通道颜色和图像的明暗色调。下面将对其进行具体的讲解。

6.8.1　通道混合器

"通道混合器"命令用于调整图像通道中的颜色。打开一幅图像，如图 6-69 所示。选择"通道混合器"命令，弹出"通道混合器"对话框，如图 6-70 所示。在"通道混合器"对话框中，"输出通道"选项用于设定要修改的通道，"源通道"选项组用于通过拖曳滑块来调整图像，"常数"选项也用于通过拖曳滑块调整图像，"单色"选项用于创建灰度模式的图像。

图 6-69

在"通道混合器"对话框中进行设置，如图 6-71 所示，图像效果如图 6-72 所示。所选图像的色彩模式不同，则"通道混合器"对话框中的内容也不同。

图 6-70

图 6-71

图 6-72

6.8.2　渐变映射

"渐变映射"命令用于将图像的最暗色调和最亮色调映射为一组渐变色中的最暗色调和最亮色调。下面将对其进行具体的讲解。

打开一幅图像，如图 6-73 所示。选择"渐变映射"命令，弹出"渐变映射"对话框，如图 6-74 所示。在"渐变映射"对话框中，"灰度映射所用的渐变"选项用于设定不同的渐变形式，"仿色"选项用于为转变色阶后的图像增加仿色，"反向"选项用于将转变色阶后的图像颜色反转。

图 6-73

图 6-74

在"渐变映射"对话框中进行设置，如图 6-75 所示，图像效果如图 6-76 所示。

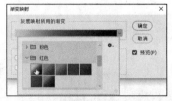
图 6-75

图 6-76

6.8.3　课堂案例——制作旅游出行公众号封面首图

【案例学习目标】学习使用"调整"命令下的"通道混合器"命令调整图像颜色。

【案例知识要点】使用"通道混合器"命令、"黑白"命令、"自然饱和度"命令和"色阶"命令调整图像。最终效果如图 6-77 所示。

图 6-77

制作旅游出行公众号
封面首图

【效果文件位置】云盘\Ch06\效果\制作旅游出行公众号封面首图.psd。

图 6-78

（1）打开 Photoshop 2020，按 Ctrl+O 组合键，打开云盘中的"Ch06 > 素材 > 制作旅游出行公众号封面首图 > 01"文件，如图 6-78 所示。将"背景"图层拖曳到"图层"控制面板下方的"创建新图层"按钮 ⊡ 上进行复制，生成新的图层"背景 拷贝"，如图 6-79 所示。

（2）选择"图像 > 调整 > 通道混合器"命令，在弹出的对话框中进行设置，如图 6-80 所示。单击"确定"按钮，效果如图 6-81 所示。

图 6-79

图 6-80

图 6-81

（3）按 Ctrl+J 组合键，复制"背景 拷贝"图层，生成新的图层并将其命名为"黑白"。选择"图像 > 调整 > 黑白"命令，在弹出的对话框中进行设置，如图 6-82 所示。单击"确定"按钮，效果如图 6-83 所示。

图 6-82

图 6-83

（4）在"图层"控制面板上方，将"黑白"图层的"混合模式"选项设为"滤色"，如图 6-84 所示，效果如图 6-85 所示。

图 6-84

图 6-85

（5）按住 Ctrl 键的同时，选择"黑白"图层和"背景 拷贝"图层。按 Ctrl+E 组合键，合并图层并将其命名为"效果"。选择"图像 > 调整 > 自然饱和度"命令，在弹出的对话框中进行设置；如图 6-86 所示。单击"确定"按钮，效果如图 6-87 所示。

图 6-86

图 6-87

（6）选择"图像 > 调整 > 色阶"命令，在弹出的对话框中进行设置，如图 6-88 所示。单击"确定"按钮，效果如图 6-89 所示。

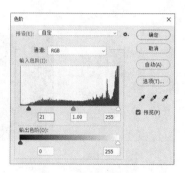

图 6-88

图 6-89

（7）按 Ctrl + O 组合键，打开云盘中的"Ch06 > 素材 > 制作旅游出行公众号封面首图 > 02"文件。选择"移动"工具 ⊹ ，将"02"图片拖曳到"01"图像窗口中适当的位置，效果如图 6-90 所示，在"图层"控制面板中生成新的图层并将其命名为"文字"。至此，旅游出行公众号封面首图制作完成。

图 6-90

6.9 照片滤镜

"照片滤镜"命令用于模仿传统相机的滤镜效果处理图像，通过调整图像颜色可以获得各种效果。

打开一幅图像，如图 6-91 所示。选择"照片滤镜"命令，弹出"照片滤镜"对话框，如图 6-92 所示。在对话框的"滤镜"下拉列表框中选择颜色调整的过滤模式。单击"颜色"色块，弹出"拾色器（照片滤镜颜色）"对话框，可以在对话框中设置精确的颜色对图像进行过滤。拖曳"浓度"选项的滑块，设置过滤颜色的百分比。

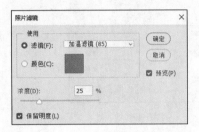

图 6-91　　　　　　　　　　　　　　　　图 6-92

勾选"保留明度"复选框进行调整时，图片的明亮度保持不变；取消勾选时，则图片的全部颜色都随之改变，效果分别如图 6-93 和图 6-94 所示。

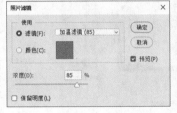

图 6-93　　　　　　　　　　　　　　　　图 6-94

6.10　曝光

"阴影/高光"命令用于快速改善图像中曝光过度区域或曝光不足区域的对比度，同时保持图像的整体平衡。

打开一幅图像，如图 6-95 所示。选择"阴影/高光"命令，弹出"阴影/高光"对话框，如图 6-96 所示，可以预览到图像的暗部变化，效果如图 6-97 所示。

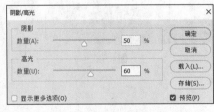

图 6-95　　　　　　　图 6-96　　　　　　　图 6-97

在"阴影/高光"对话框中，在"阴影"选项组中的"数量"选项中可拖曳滑块设置暗部数量的百分比，数值越大图像越亮；在"高光"选项组中的"数量"选项中也可拖曳滑块设置高光数量的百分比，数值越大图像越暗；"显示更多选项"选项用于显示或者隐藏其他选项，进一步对各选项组进行精确设置。

6.11 反相和色调均化

"反相"命令和"色调均化"命令用于调整图像的色相和色调。下面将对其进行具体的讲解。

6.11.1 反相

选择"反相"命令，或按 Ctrl+I 组合键，可以将图像或选区的像素反转为其补色，使其出现底片效果。

原图及不同色彩模式的图像反相后的效果，如图 6-98 所示。

原图　　　　　　　　RGB 模式反相后的效果　　　　CMYK 模式反相后的效果

图 6-98

提示

反相效果是对图像的每一个色彩通道进行反相后的合成效果，不同色彩模式的图像反相后的效果是不同的。

6.11.2 色调均化

"色调均化"命令用于调整图像或选区像素的过黑部分，使图像变得明亮，并将图像中其他的像素平均分配到亮度色谱中。

选择"色调均化"命令，不同色彩模式的图像将产生不同的效果，如图 6-99 所示。

RGB 模式色调均化的效果　　　CMYK 模式色调均化的效果　　　Lab 模式色调均化的效果

图 6-99

6.11.3 课堂案例——制作休闲生活类公众号封面首图

【案例学习目标】学习使用"调整"命令下的"色调均化"命令调整图片颜色。

【案例知识要点】使用"自动色调"命令和"色调均化"命令调整图片的颜色。最终效果如图 6-100 所示。

图 6-100

制作休闲生活类
公众号封面首图

【效果文件位置】云盘\Ch06\效果\制作休闲生活类公众号封面首图.psd。

（1）打开 Photoshop 2020，按 Ctrl+N 组合键，弹出"新建文档"对话框，设置宽度为 1175 像素，高度为 500 像素，分辨率为 72 像素/英寸，色彩模式为 RGB 模式，背景色为白色，单击"创建"按钮，新建一个文件。

（2）按 Ctrl+O 组合键，打开云盘中的"Ch06 > 素材 > 制作休闲生活类公众号封面首图 > 01"文件。选择"移动"工具 ⊕，将"01"图片拖曳到新建的图像窗口中适当的位置，效果如图 6-101 所示，在"图层"控制面板中生成新的图层并将其命名为"图片"。按 Ctrl+J 组合键，复制"图片"图层，生成新的图层"图片 拷贝"，如图 6-102 所示。

图 6-101

图 6-102

（3）选择"图像 > 自动色调"命令，调整图像的色调，效果如图 6-103 所示。选择"图像 > 调整 > 色调均化"命令，调整图像，效果如图 6-104 所示。

图 6-103

图 6-104

（4）按 Ctrl+O 组合键，打开云盘中的"Ch06 > 素材 > 制作休闲生活类公众号封面首图 > 02"文件。选择"移动"工具 ⊕，将"02"图片拖曳到图像中适当的位置，效果如图 6-105 所示，在"图层"控制面板中生成新的图层并将其命名为"文字"。至此，休闲生活类公众号封面首图制作完成。

图 6-105

6.12 阈值和色调分离

"阈值"命令和"色调分离"命令用于调整图像的色调和对图像中的色调进行分离。下面将对其进行具体的讲解。

6.12.1 阈值

"阈值"命令用于提高图像色调的反差度。打开一幅图像，如图 6-106 所示。选择"阈值"命令，弹出"阈值"对话框，如图 6-107 所示。在"阈值"对话框中拖曳滑块或在"阈值色阶"文本框中输入数值，可以改变图像的阈值，系统会使大于阈值的像素变为白色，小于阈值的像素变为黑色，使图像具有高度反差，图像效果如图 6-108 所示。

图 6-106

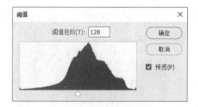
图 6-107

图 6-108

6.12.2 课堂案例——制作小寒节气宣传海报

【案例学习目标】学习使用图像"调整"命令下的"色调分离"命令和"阈值"命令调整图像颜色。

【案例知识要点】使用"色调分离"命令和"阈值"命令调整图像。最终效果如图 6-109 所示。

【效果文件位置】云盘\Ch06\效果\制作小寒节气宣传海报.psd。

制作小寒节气
宣传海报

（1）打开 Photoshop2020，按 Ctrl+O 组合键，打开云盘中
的"Ch06 > 素材 > 制作小寒节气宣传海报 > 01"文件，如图 6-110 所示。将"背景"图层拖曳到"图层"控制面板下方的"创建新图层"按钮 上进行复制，生成新的图层"背景 拷贝"。将该图层的"混合模式"选项设为"正片叠底"，如图 6-111 所示，图像效果如图 6-112 所示。

图 6-109

图 6-110

图 6-111

图 6-112

（2）选择"图像 > 调整 > 色调分离"命令，弹出"色调分离"对话框，选项的设置如图 6-113 所示。单击"确定"按钮，图像效果如图 6-114 所示。

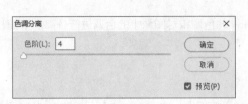

图 6-113　　　　　　　　　　　　　　　　　　　　图 6-114

（3）单击"图层"控制面板下方的"添加图层蒙版"按钮 ，为"背景 拷贝"图层添加图层蒙版，如图 6-115 所示。选择"渐变"工具 ，单击其属性栏中的"点按可编辑渐变"按钮 ，弹出"渐变编辑器"对话框。将渐变色设为从黑色到白色，如图 6-116 所示，单击"确定"按钮。在图像窗口中由左下至右上拖曳填充渐变色，图像效果如图 6-117 所示。

图 6-115　　　　　　　　　　　图 6-116　　　　　　　　　　　图 6-117

（4）将"背景"图层拖曳到"图层"控制面板下方的"创建新图层"按钮 上进行复制，生成新的图层"背景 拷贝 2"，并将其拖曳到"背景 拷贝"图层的上方，如图 6-118 所示。将该图层的"混合模式"选项设为"线性减淡（添加）"，如图 6-119 所示，图像效果如图 6-120 所示。

图 6-118　　　　　　　　　　　图 6-119　　　　　　　　　　　图 6-120

（5）选择"图像 > 调整 > 阈值"命令，弹出"阈值"对话框，选项的设置如图 6-121 所示，单击"确定"按钮，图像效果如图 6-122 所示。按住 Shift 键的同时，单击"背景"图层，将需要的图层同时选中。按 Ctrl+E 组合键，合并图层，如图 6-123 所示。

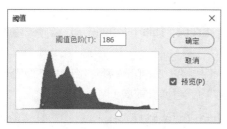

图 6-121

图 6-122

图 6-123

（6）选择"图像 > 调整 > 色相/饱和度"命令，弹出"色相/饱和度"对话框，选项的设置如图 6-124 所示。单击"确定"按钮，图像效果如图 6-125 所示。

（7）选择"图像 > 调整 > 色阶"命令，弹出"色阶"对话框，选项的设置如图 6-126 所示。单击"确定"按钮，图像效果如图 6-127 所示。

图 6-124

图 6-125

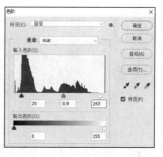

图 6-126

图 6-127

（8）选择"直排文字"工具，在图像窗口中输入需要的文字并选中文字，在其属性栏中选择合适的字体并设置适当的文字大小，将"文本颜色"设为白色，在"图层"控制面板中生成新的文字图层。将光标插入文字间。按 Ctrl+T 组合键，弹出"字符"控制面板，选项的设置如图 6-128 所示。按 Enter 键确定操作，图像效果如图 6-129 所示。

（9）选择"横排文字"工具，在图像窗口中输入需要的文字并选中文字，在其属性栏中选择合适的字体并设置适当的文字大小，效果如图 6-130 所示，在"图层"控制面板中生成新的文字图层。使用相同的方法输入其他文字，图像效果如图 6-131 所示。至此，小寒节气宣传海报制作完成。

图 6-128

图 6-129

图 6-130

图 6-131

6.12.3 色调分离

"色调分离"命令用于对图像中的色调进行分离。打开一幅图像，如图6-132所示。选择"色调分离"命令，弹出"色调分离"对话框，如图6-133所示。

在"色调分离"对话框中，"色阶"选项用于指定色阶数，系统将以256阶的亮度对图像中的像素亮度进行分配。色阶数值越高，图像产生的变化越小。"色调分离"命令主要用于减少图像中的灰度。

不同的色阶数值会产生不同效果的图像，分别如图6-134和图6-135所示。

图 6-132

图 6-133

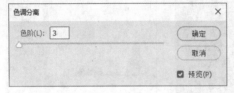
图 6-134

图 6-135

课后习题——制作传统美食公众号封面次图

【习题知识要点】使用"照片滤镜"命令和"阴影/高光"命令调整美食照片，使用"横排文字"工具添加文字。最终效果如图6-136所示。

图 6-136

制作传统美食公众号
封面次图

【效果文件位置】云盘\Ch06\效果\制作传统美食公众号封面次图.psd。

第 7 章
图层的应用

图层在 Photoshop 中有着举足轻重的作用，只有熟练掌握图层的概念和操作，才有可能更出色地运用 Photoshop。本章将详细讲解图层的应用方法和操作技巧。读者通过学习本章，应了解并掌握图层的强大功能，并能充分利用好图层来为自己的设计作品增光添彩。

课堂学习目标

- ✔ 掌握图层混合模式的应用技巧
- ✔ 掌握图层样式的添加技巧
- ✔ 掌握图层的编辑方法和技巧
- ✔ 掌握图层蒙版的建立和使用方法
- ✔ 掌握应用填充和调整图层的方法
- ✔ 了解样式面板的使用方法

素养目标

- ✔ 培养学生勇于实践的精神
- ✔ 加深学生对中华传统文化的热爱

7:1 图层的混合模式

"图层的混合模式"命令用于为图层添加不同的模式，使图层产生不同的效果。在"图层"控制面板中，第一个选项 正常 用于设定图层的混合模式，它包含 27 种模式，如图 7-1 所示。

打开一幅图像，如图 7-2 所示，"图层"控制面板如图 7-3 所示。下面以实例来对各模式进行讲解。

在对"月饼"图层应用不同的混合模式后，图像的混合效果如图 7-4 所示。

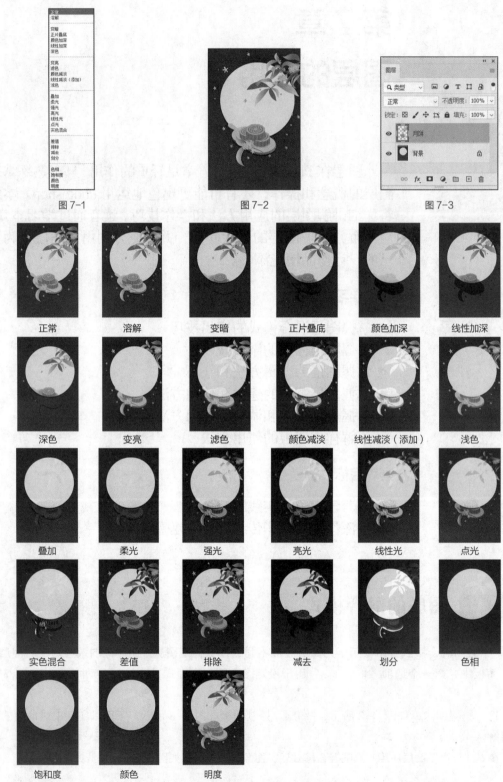

图 7-1　　　　　　　　图 7-2　　　　　　　　图 7-3

正常	溶解	变暗	正片叠底	颜色加深	线性加深
深色	变亮	滤色	颜色减淡	线性减淡（添加）	浅色
叠加	柔光	强光	亮光	线性光	点光
实色混合	差值	排除	减去	划分	色相
饱和度	颜色	明度			

图 7-4

7.2 图层特殊效果

"图层特殊效果"命令用于为图层添加不同的效果，使图层中的图像产生丰富的变化。下面将对其进行具体介绍。

7.2.1 使用图层特殊效果的方法

使用图层特殊效果有以下几种方法。

- 使用"图层"控制面板菜单。单击"图层"控制面板右上方的 ≡ 图标，将弹出菜单。在弹出的菜单中选择"混合选项"命令，弹出相应的对话框，如图7-5所示。"混合选项"命令用于对当前图层进行特殊效果的处理。单击其中的任何一个图标，都会弹出相应的效果对话框。
- 使用菜单"图层"命令。选择"图层 > 图层样式 > 混合选项"命令，弹出相应的对话框。
- 使用"图层"控制面板按钮。单击"图层"控制面板中的按钮 fx，弹出图层特殊效果下拉菜单，如图7-6所示。

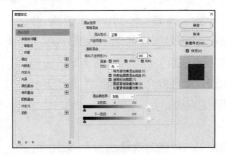

图 7-5

图 7-6

7.2.2 图层特殊效果介绍

下面将对图层的特殊效果进行介绍。

1. "样式"命令

"样式"命令用于使当前图层产生样式效果。选择该命令会弹出相应的对话框，如图7-7所示。

选择要应用的样式，单击"确定"按钮，效果将出现在图层中。如果用户制作了新的样式效果也可以将其保存，单击"新建样式"按钮，弹出"新建样式"对话框，如图7-8所示。输入名称后，单击"确定"按钮即可。

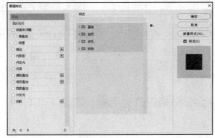

图 7-7

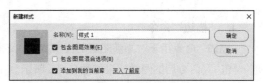

图 7-8

2.　"混合选项"命令

　　"混合选项"命令用于使当前图层产生其默认效果。选择该命令将弹出相应的对话框，如图 7-9 所示。

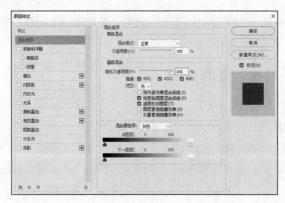

图 7-9

　　在该对话框中，"混合模式"选项用于设定混合模式，"不透明度"选项用于设定不透明度，"填充不透明度"选项用于设定填充图层的不透明度，"通道"选项用于设定要混合的通道，"挖空"选项用于设定图层颜色的深浅，"将内部效果混合成组"选项用于将本次的图层效果组成一组，"将剪贴图层混合成组"选项用于将剪贴的图层组成一组，"混合颜色带"选项用于将图层的设定颜色混合，"本图层"和"下一图层"选项用于设定当前图层和下一图层颜色的深浅。

图 7-10

3.　"斜面和浮雕"命令

　　"斜面和浮雕"命令用于使当前图层产生倾斜与浮雕的效果。打开一幅图像，如图 7-10 所示。"图层"控制面板如图 7-11 所示。选择"斜面和浮雕"命令会弹出相应的对话框，如图 7-12 所示。应用"斜面和浮雕"命令后的图像效果如图 7-13 所示。

图 7-11

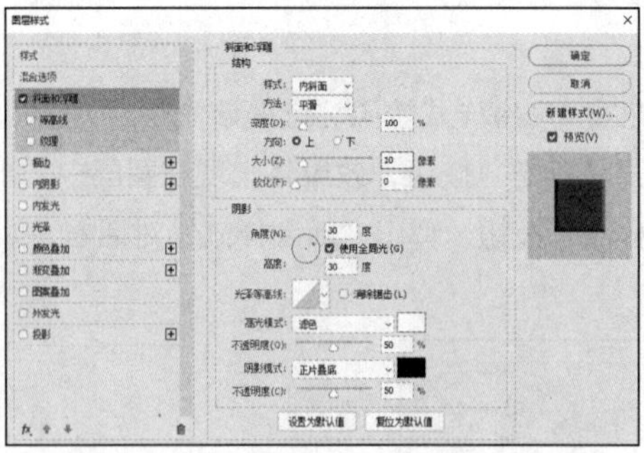

图 7-12

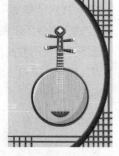

图 7-13

4.　"描边"命令

　　"描边"命令用于对当前图层的图案描边。选择该命令会弹出相应的对话框，如图 7-14 所示。应用"描边"命令后的图像效果如图 7-15 所示。

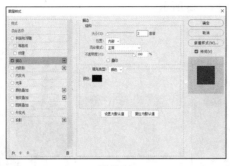

图 7-14

图 7-15

5. "内阴影"命令

"内阴影"命令用于使当前图层内部产生阴影效果。选择该命令会弹出相应的对话框,如图 7-16 所示。应用"内阴影"命令后的图像效果如图 7-17 所示。

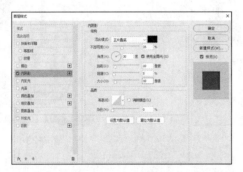

图 7-16

图 7-17

6. "内发光"命令

"内发光"命令用于使当前图层的边缘内部产生辉光效果。选择该命令会弹出相应的对话框,如图 7-18 所示。应用"内发光"命令后的图像效果如图 7-19 所示。

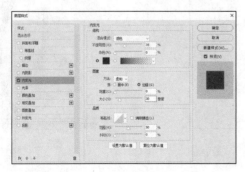

图 7-18

图 7-19

7. "光泽"命令

"光泽"命令用于使当前图层产生有光泽的效果。选择该命令会弹出相应的对话框,如图 7-20 所示。应用"光泽"命令后的图像效果如图 7-21 所示。

8. "颜色叠加"命令

"颜色叠加"命令用于使当前图层产生颜色叠加的效果。选择该命令会弹出相应的对话框,如图 7-22

所示。应用"颜色叠加"命令后的图像效果如图 7-23 所示。

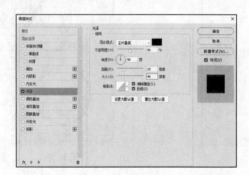

图 7-20

图 7-21

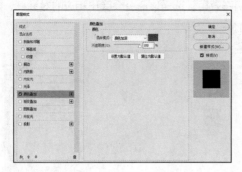

图 7-22

图 7-23

9. "渐变叠加"命令

"渐变叠加"命令用于使当前图层产生渐变叠加的效果。选择该命令会弹出相应的对话框，如图 7-24 所示。应用"渐变叠加"命令后的图像效果如图 7-25 所示。

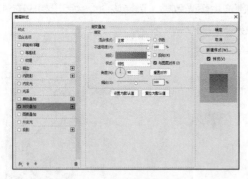

图 7-24

图 7-25

10. "图案叠加"命令

"图案叠加"命令用于在当前图层的基础上产生一个新的图案覆盖效果图层。选择该命令会弹出相应的对话框，如图 7-26 所示。应用"图案叠加"命令后图像效果如图 7-27 所示。

11. "外发光"命令

"外发光"命令用于使当前图层的边缘外部产生辉光效果。选择该命令会弹出相应的对话框，如图 7-28 所示。应用"外发光"命令后图像效果如图 7-29 所示。

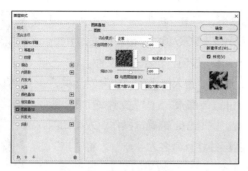

图 7-26

图 7-27

图 7-28

图 7-29

12. "投影"命令

"投影"命令用于使当前图层产生投影效果。选择该命令会弹出相应的对话框，如图 7-30 所示。应用"投影"命令后图像效果如图 7-31 所示。

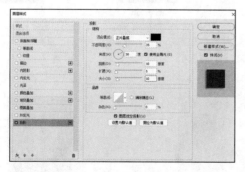

图 7-30

图 7-31

7.2.3　课堂案例——制作元宵节节日宣传海报

【案例学习目标】学习使用不同的抠图工具选取不同图像并应用"图层"控制面板为图像添加效果。

【案例知识要点】使用"置入嵌入对象"命令置入图片，使用"添加图层样式"按钮为图像添加效果，使用"色相/饱和度"命令调整图像颜色，使用"创建剪贴蒙版"命令调整图像显示区域。最终效果如图 7-32 所示。

【效果文件位置】云盘\Ch07\效果\制作元宵节节日宣传海报.psd。

制作元宵节节日
宣传海报

（1）打开 Photoshop 2020，按 Ctrl+N 组合键，弹出"新建文档"对话框。设置宽度为 1181 像素，高度为 2362 像素，分辨率为 72 像素/英寸，色彩模式为 RGB 模式，背景色为红色（153、21、26），单击"创建"按钮，新建一个文件。

（2）选择"文件 > 置入嵌入对象"命令，弹出"置入嵌入的对象"对话框，选择云盘中的"Ch07 > 素材 > 制作元宵节节日宣传海报 > 01"文件。单击"置入"按钮，置入图片，将图片拖曳到适当的位置。按 Enter 键确定操作，效果如图 7-33 所示，在"图层"控制面板中生成新的图层并将其命名为"点"。将"点"图层的"不透明度"选项设为 35%，如图 7-34 所示，图像效果如图 7-35 所示。

图 7-32

（3）选择"文件 > 置入嵌入对象"命令，弹出"置入嵌入的对象"对话框，选择云盘中的"Ch07 > 素材 > 制作元宵节节日宣传海报 > 02"文件。单击"置入"按钮，置入图片，将图片拖曳到适当的位置。按 Enter 键确定操作，效果如图 7-36 所示，在"图层"控制面板中生成新的图层并将其命名为"汤圆"。

（4）单击"图层"控制面板下方的"添加图层样式"按钮 *fx*，在弹出的菜单中选择"投影"命令，弹出对话框。将投影颜色设为黑色，其他选项的设置如图 7-37 所示。单击"确定"按钮，效果如图 7-38 所示。

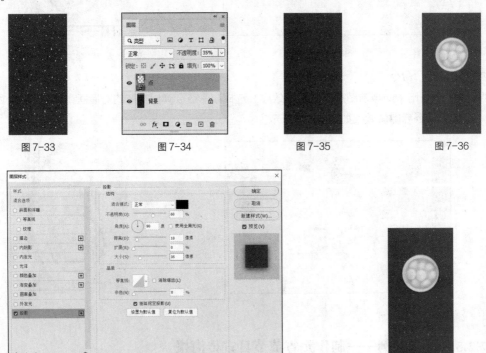

图 7-33   图 7-34   图 7-35   图 7-36

图 7-37   图 7-38

（5）单击"图层"控制面板下方的"创建新的填充或调整图层"按钮 ⬤，在弹出的菜单中选择"色相/饱和度"命令，在"图层"控制面板中生成"色相/饱和度 1"图层，同时弹出"色相/饱和度"面板，选项的设置如图 7-39 所示，按 Enter 键确定操作。按 Alt+Ctrl+G 组合键，创建剪贴蒙版，如图 7-40 所示，效果如图 7-41 所示。

图 7-39   图 7-40   图 7-41

（6）选择"文件 > 置入嵌入对象"命令，弹出"置入嵌入的对象"对话框，选择云盘中的"Ch07 > 素材 > 制作元宵节节日宣传海报 > 03"文件。单击"置入"按钮，置入图片，将图片拖曳到适当的位置。按 Enter 键确定操作，在"图层"控制面板中生成新的图层并将其命名为"汤勺"，如图 7-42 所示。使用上述的方法添加投影效果，如图 7-43 所示，效果如图 7-44 所示。

图 7-42   图 7-43   图 7-44

（7）单击"图层"控制面板下方的"创建新的填充或调整图层"按钮 ，在弹出的菜单中选择"色相/饱和度"命令，在"图层"控制面板中生成"色相/饱和度 2"图层，同时弹出"色相/饱和度"面板，选项的设置如图 7-45 所示，按 Enter 键确定操作。按 Alt+Ctrl+G 组合键，创建剪贴蒙版，如图 7-46 所示，效果如图 7-47 所示。

图 7-45   图 7-46   图 7-47

（8）选择"文件 > 置入嵌入对象"命令，弹出"置入嵌入的对象"对话框，分别选择云盘中的"Ch07 > 素材 > 制作元宵节节日宣传海报 > 04"文件。单击"置入"按钮，置入图片，将图片拖曳到适当的位置。按 Enter 键确定操作，在"图层"控制面板中生成新的图层并将其命名为"元宵广告"，如图 7-48 所示，效果如图 7-49 所示。至此，元宵节节日宣传海报制作完成。

图 7-48

图 7-49

7.3　图层的编辑

在制作多层图像效果的过程中，需要对图层进行编辑和管理。

7.3.1　图层的显示、选择、链接和排列

图层的显示、选择、链接和排列等都是用户应该快速掌握的基本操作。下面将讲解其具体的操作方法。

1. 图层的显示

显示图层有以下两种方法。

● 使用"图层"控制面板图标。单击"图层"控制面板中一个图层左边的眼睛图标 👁，可以显示或隐藏这个图层。

● 使用快捷键。按住 Alt 键，单击"图层"控制面板中一个图层左边的眼睛图标 👁，这时，图层控制面板中只显示这个图层，其他图层将不显示。再次单击"图层"控制面板中的这个图层左边的眼睛图标 👁，将显示全部图层。

2. 图层的选择

选择图层有以下两种方法。

● 使用鼠标左键。单击"图层"控制面板中的一个图层，可以选择这个图层。

● 使用鼠标右键。按 V 键，选择"移动"工具 ⊕，用鼠标右键单击窗口中的图像，弹出一组供选择的图层选项菜单，选择所需要的图层即可。将鼠标指针靠近需要的图像进行以上的操作，就可以选择这个图像所在的图层了。

3. 图层的链接

按住 Ctrl 键，连续单击选择多个要链接的图层，单击"图层"控制面板下方的"链接图层"按钮 ⊖。若图层中显示出链接图标 🔗，则表示已将所选图层链接。图层链接后，将成为一组，当对一个链接图层进行操作时，将会影响一组链接图层。再次单击"图层"控制面板中的"链接图层"按钮 ⊖，可以取消图层的链接。

提示

　　选择链接图层，再选择"图层 > 对齐"命令，弹出"对齐"命令的子菜单，选择需要的对齐方式命令后，可以按设置对齐链接图层中的图像。

4. 图层的排列

排列图层有以下几种方法。

● 使用鼠标拖曳。单击"图层"控制面板中的一个图层并按住鼠标左键，拖曳可将其放到其他图层的上方或下方。注意背景图层不能移动拖曳，应先将其转换为普通层再进行移动拖曳。

● 使用"图层"命令。选择"图层 > 排列"命令，弹出"排列"命令的子菜单，选择其中的排列方式即可。

● 使用快捷键。按 Ctrl+[组合键，可以将当前图层向下移动一层。按 Ctrl+] 组合键，可以将当前图层向上移动一层。按 Shift+Ctrl+[组合键，可以将当前图层移动到全部图层的底部。按 Shift + Ctrl+] 组合键，可以将当前图层移动到全部图层的顶部。

7.3.2 新建图层组

当编辑多层图像时，为了方便操作，可以将多个图层建立在一个图层组中。

新建图层组有以下几种方法。

● 使用"图层"控制面板弹出式菜单。单击"图层"控制面板右上方的图标 ≡，弹出菜单。在菜单中选择"新建组"命令，弹出"新建组"对话框，如图 7-50 所示。在该对话框中，"名称"选项用于设定新的图层组的名称，"颜色"选项用于设定新图层组在控制面板上的显示颜色，"模式"选项用于设定当前图层组的合成模式，"不透明度"选项用于设定当前图层组的不透明度值。单击"确定"按钮，建立图 7-51 所示的图层组，也就是"组 1"。

图 7-50

● 使用"图层"控制面板按钮。单击"图层"控制面板中的"创建新组"按钮 ▢，将新建一个图层组。

● 使用"图层"命令。选择"图层 > 新建 > 组"命令，弹出"新建组"对话框。单击"确定"按钮，也可建立图层组。

在"图层"控制面板中可以按照需要的级次关系新建图层组和图层，如图 7-52 所示。

图 7-51

图 7-52

提示

可以将多个已建立的图层放入一个新的图层组中，操作的方法很简单，将"图层"控制面板中的已建立的图层图标拖放到新的图层组图标上即可，也可以将图层组中的图层图标拖放到图层组图标外。

7.3.3　从图层新建组、锁定组内的所有图层

在编辑图像的过程中，可以对图层组中的图层进行链接和锁定。

"从图层新建组"命令用于将当前选择的图层构成一个图层组。

"锁定组内的所有图层"命令用于将图层组中的全部图层锁定。锁定后，图层将不能被编辑。

7.3.4　合并图层

在编辑图像的过程中，可以将图层合并。

"向下合并"命令用于向下合并一层图层。单击"图层"控制面板右上方的图标▤，在弹出的菜单中选择"向下合并"命令，或按 Ctrl+E 组合键即可。

"合并可见图层"命令用于合并所有可见图层。单击"图层"控制面板右上方的图标▤，在弹出的菜单中选择"合并可见图层"命令，或按 Shift+Ctrl+E 组合键即可。

"拼合图像"命令用于合并所有的图层。单击"图层"控制面板右上方的图标▤，在弹出的菜单中选择"拼合图像"命令，也可选择"图层 > 拼合图像"命令。

7.3.5　图层面板选项

"面板选项"命令，用于设定"图层"控制面板中缩览图的大小。

"图层"控制面板中的原始效果如图 7-53 所示。单击右上方的▤图标，在弹出的菜单中选择"面板选项"命令，弹出图 7-54 所示的"图层面板选项"对话框。在该对话框中单击需要的缩览图选项，可以选择缩览图的大小。"图层"控制面板中调整后的效果如图 7-55 所示。

图 7-53　　　　　　　　　　　图 7-54　　　　　　　　　　　图 7-55

7.3.6　图层复合

使用"图层复合"控制面板可将同一文件内的不同图层效果组合另存为"图层效果组合"，可以更加方便、快捷地展示和比较不同图层组合设计的视觉效果。

打开一幅图像，效果如图 7-56 所示，"图层"控制面板如图 7-57 所示。选择"窗口 > 图层复合"命令，弹出"图层复合"控制面板，如图 7-58 所示。

单击"图层复合"控制面板右上方的▤图标，在弹出的菜单中选择"新建图层复合"命令，弹出"新建图层复合"对话框，如图 7-59 所示。在该对话框中，"名称"选项用于设定新图层复合的名称，单击"确

定"按钮，建立"图层复合1"，如图7-60所示。所建立的"图层复合1"中存储的就是当前的制作效果。

图7-56   图7-57   图7-58

图7-59   图7-60

    对图像进行修饰和编辑，图像效果如图7-61所示，"图层"控制面板如图7-62所示。再选择"新建图层复合"命令，建立"图层复合2"，如图7-63所示。所建立的"图层复合2"中存储的就是修饰编辑后的制作效果。

图7-61   图7-62   图7-63

    在"图层复合"控制面板中，分别单击"图层复合1"和"图层复合2"左侧的状态框，显示作用按钮 ▣ ，可以将两次的图像编辑效果进行比较，如图7-64所示。

 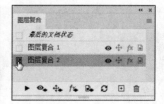

图7-64

7.3.7 图层剪贴蒙版

图层剪贴蒙版用于将相邻的图层编辑成剪贴蒙版。在图层剪贴蒙版中，底部的图层是基层图层，基层图层的透明区域将遮住上方各层的该区域。制作剪贴蒙版，图层之间的实线将变为虚线，基层图层名称下有一条下划线。

打开一幅图像，如图 7-65 所示，"图层"控制面板如图 7-66 所示。

图 7-65   图 7-66

按住 Alt 键的同时，将鼠标指针放置到"装饰画"和"矩形 1"的中间位置，鼠标指针变为 ↓□ 图标，如图 7-67 所示，单击创建剪贴蒙版，如图 7-68 所示，图像效果如图 7-69 所示。

图 7-67   图 7-68   图 7-69

选中剪贴蒙版组中上方的图层，选择"图层 > 释放剪贴蒙版"命令，或按 Alt+Ctrl+G 组合键即可释放剪贴蒙版。

7.3.8 课堂案例——制作服装类 App 主页 Banner

【案例学习目标】学习使用"添加图层蒙版"按钮和"创建剪贴蒙版"命令制作服装类 App 主页 Banner。

【案例知识要点】使用"添加图层蒙版"按钮、"椭圆"工具和"创建剪贴蒙版"命令制作照片，使用"移动"工具添加宣传文字。最终效果如图 7-70 所示。

图 7-70

制作服装类 App
主页 Banner

【效果文件位置】云盘\Ch07\效果\制作服装类 App 主页 Banner.psd。

（1）打开 Photoshop 2020，按 Ctrl+N 组合键，弹出"新建文档"对话框。设置宽度为 750 像素，高度为 200 像素，分辨率为 72 像素/英寸，色彩模式为 RGB 模式，背景色为灰色（224、223、221），单击"创建"按钮，新建一个文件。

（2）按 Ctrl+O 组合键，打开云盘中的"Ch07 > 素材 > 制作服装类 App 主页 Banner > 01"文件。选择"移动"工具 ⊕ ，将"01"图片拖曳到新建的图像窗口中适当的位置，效果如图 7-71 所示，在"图层"控制面板中生成新的图层并将其命名为"人物"。

图 7-71

（3）单击"图层"控制面板下方的"添加图层蒙版"按钮 ▣ ，为图层添加蒙版。将前景色设为黑色。选择"画笔"工具 ✎ ，在其属性栏中单击"画笔预设"选项右侧的 ，弹出画笔选择面板，选择需要的画笔形状，将"大小"选项设为 100 像素，如图 7-72 所示。在图像窗口中拖曳擦除不需要的图像，效果如图 7-73 所示。

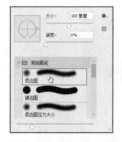

图 7-72

图 7-73

（4）选择"椭圆"工具 ◯ ，将其属性栏中的"选择工具模式"选项设为"形状"，"填充"颜色设为白色，"描边"颜色设为无。按住 Shift 键的同时，在图像窗口中适当的位置绘制圆形，效果如图 7-74 所示，在"图层"控制面板中生成新的形状图层"椭圆 1"。

（5）选择"文件 > 置入嵌入对象"命令，弹出"置入嵌入的对象"对话框。选择云盘中的"Ch07 > 素材 > 制作服装类 App 主页 Banner > 02"文件，单击"置入"按钮，将图片置入图像窗口中，将其拖曳到适当的位置并调整其大小。按 Enter 键确定操作，在"图层"控制面板中生成新的图层并将其命名为"图 1"。按 Alt+Ctrl+G 组合键，为图层创建剪贴蒙版，效果如图 7-75 所示。

图 7-74

（6）按住 Shift 键的同时，单击"椭圆 1"图层，将需要的图层同时选中。按 Ctrl+G 组合键，群组图层并将其命名为"模特 1"，如图 7-76 所示。

图 7-75

图 7-76

（7）用步骤（4）～（6）所述方法分别制作"模特 2"图层组和"模特 3"图层组，图像效果如图 7-77 所示，"图层"控制面板如图 7-78 所示。

图 7-77   图 7-78

（8）按 Ctrl+O 组合键，打开云盘中的"Ch07 > 素材 > 制作服装类 App 主页 Banner > 05"文件。选择"移动"工具 ⊕，将"05"图片拖曳到新建的图像窗口中适当的位置，效果如图 7-79 所示，在"图层"控制面板中生成新的图层并将其命名为"文字"。至此，服装类 App 主页 Banner 制作完成。

图 7-79

7.4 图层蒙版

图层蒙版可以使图层中图像的某些部分被处理成透明或半透明的效果，而且可以恢复已经处理过的图像，是 Photoshop 的一种独特的处理图像方式。

7.4.1 建立图层蒙版

建立图层蒙版可以使用"图层"控制面板按钮或快捷键。单击"图层"控制面板中的"添加图层蒙版"按钮 ◙，可以创建一个图层蒙版，如图 7-80 所示。按住 Alt 键，单击"图层"控制面板中的"添加图层蒙版"按钮 ◙，可以创建一个遮盖图层全部的蒙版，如图 7-81 所示。

图 7-80   图 7-81

7.4.2 使用图层蒙版

打开一幅图像，效果如图 7-82 所示，"图层"控制面板如图 7-83 所示。

选择"画笔"工具 ✐，将前景色设定为黑色，"画笔"工具属性栏如图 7-84 所示。单击"图层"控制面板下方的"添加图层蒙版"按钮 ◙，可以创建一个图层蒙版，效果如图 7-85 所示。在图层蒙版中按所需的效果进行喷绘，图像效果如图 7-86 所示。

在"图层"控制面板中图层蒙版的效果如图 7-87 所示。选择"通道"控制面板，在控制面板中显示图层蒙版的通道，如图 7-88 所示。

图 7-82

图 7-83

图 7-84

图 7-85

图 7-86

图 7-87

图 7-88

在"图层"控制面板中，图层图像与图层蒙版之间的 是关联图标。在图层图像与图层蒙版关联的情况下，移动图层图像时图层蒙版会同步移动，单击关联图标 ，将不显示该图标，图层图像与图层蒙版可以分别进行操作。

在"通道"控制面板中，双击"粽子蒙版"通道，弹出"图层蒙版显示选项"对话框，如图 7-89 所示，可以对图层蒙版选项中的颜色和不透明度进行设置。

选择"图层 > 图层蒙版 > 停用"命令，或在"图层"控制面板中，按住 Shift 键，单击图层蒙版，如图 7-90 所示，则图层蒙版被停用，图层图像将全部显示，效果如图 7-91 所示。再次按住 Shift 键，单击图层蒙版，将恢复图层蒙版效果。

图 7-89

按住 Alt 键，单击图层蒙版，图层图像就会消失，而只显示图层蒙版，"图层"控制面板和图像效果分别如图 7-92 和图 7-93 所示。再次按住 Alt 键，单击图层蒙版，将恢复图层图像效果。按住 Alt+Shift 组合键，单击图层蒙版，将同时显示图层图像和图层蒙版的内容。

选择"图层 > 图层蒙版 > 删除"命令，或在图层蒙版上单击鼠标右键，在弹出的快捷菜单中选择"删除图层蒙版"命令，可以删除图层蒙版。

图 7-90

图 7-91

图 7-92

图 7-93

7.4.3　课堂案例——制作珠宝网站详情页主图

【案例学习目标】学习使用不同的绘图工具绘制不同的图像，并应用图层蒙版调整图像显示区域。

【案例知识要点】使用"渲染"命令为图片添加镜头光晕效果，使用"添加图层蒙版"按钮和"渐变"工具制作图片渐隐效果，使用"画笔"工具和"画笔"控制面板绘制高光效果。最终效果如图 7-94 所示。

【效果文件位置】云盘\Ch07\效果\制作珠宝网站详情页主图.psd。

制作珠宝网站
详情页主图

图 7-94

（1）打开 Photoshop 2020，按 Ctrl+N 组合键，新建一个文件。宽度为 800 像素，高度为 800 像素，分辨率为 72 像素/英寸，色彩模式为 RGB 模式，背景色为白色，单击"创建"按钮，新建文档。

（2）按 Ctrl+O 组合键，打开云盘中的"Ch07 > 素材 > 制作珠宝网站详情页主图 > 01"文件。选择"移动"工具 ，将"01"图片拖曳到新建图像窗口中适当的位置，效果如图 7-95 所示，在"图层"控制面板中生成新的图层并将其命名为"底图"。

（3）选择"滤镜 > 渲染 > 镜头光晕"命令，弹出"镜头光晕"对话框。将光晕十字图标拖曳到适当的位置，其他选项的设置如图 7-96 所示。单击"确定"按钮，效果如图 7-97 所示。

图 7-95

图 7-96

图 7-97

（4）按 Ctrl+O 组合键，打开云盘中的"Ch07 > 素材 > 制作珠宝网站详情页主图 > 02"文件。选择"移动"工具 ，将"02"图片拖曳到新建图像窗口中适当的位置，效果如图 7-98 所示，在"图层"控制面板中生成新的图层并将其命名为"云"。

（5）单击"图层"控制面板下方的"添加图层蒙版"按钮 ，为"云"图层添加图层蒙版，如图

7-99 所示。选择"渐变"工具 ，单击其属性栏中的"点按可编辑渐变"按钮 ，弹出"渐变编辑器"对话框，将渐变色设为从黑色到白色，单击"确定"按钮。在图像窗口中从上到下拖曳填充渐变色，松开鼠标左键，效果如图 7-100 所示。

图 7-98

图 7-99

图 7-100

（6）按 Ctrl+O 组合键，打开云盘中的"Ch07 > 素材 > 制作珠宝网站详情页主图 > 03、04"文件。选择"移动"工具 ，分别将"03"和"04"图片拖曳到新建的图像窗口中适当的位置，效果如图 7-101 所示，在"图层"控制面板中生成新的图层并将其分别命名为"三角装饰"和"钻戒"，如图 7-102 所示。

图 7-101

图 7-102

（7）选择"滤镜 > 渲染 > 镜头光晕"命令，弹出"镜头光晕"对话框。将光晕十字图标拖曳到适当的位置，其他选项的设置如图 7-103 所示。单击"确定"按钮，效果如图 7-104 所示。

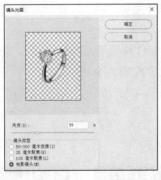

图 7-103

图 7-104

（8）将"钻戒"图层拖曳到"图层"控制面板下方的"创建新图层"按钮 上进行复制，生成新的图层"钻戒 拷贝"。按 Ctrl+T 组合键，在图像周围出现变换框，单击鼠标右键，在弹出的菜单中选择"垂直翻转"命令，垂直翻转图像，向下拖曳图像到适当的位置。按 Enter 键确定操作，效果如图 7-105 所示。

（9）单击"图层"控制面板下方的"添加图层蒙版"按钮 ，为"钻戒 拷贝"图层添加图层蒙版，如图 7-106 所示。选择"渐变"工具 ，在图像窗口中从下向上拖曳填充渐变色，松开鼠标左键，效果如图 7-107 所示。

图 7-105　　　　　　　　　　　图 7-106　　　　　　　　　　　图 7-107

（10）在"图层"控制面板中，将"钻戒 拷贝"图层拖曳到"钻戒"图层的下方，如图 7-108 所示，图像效果如图 7-109 所示。

（11）新建图层并将其命名为"高光 1"。将前景色设为白色。选择"画笔"工具 ，在其属性栏中单击"画笔预设"选项右侧的 按钮，弹出画笔面板。展开"旧版画笔 > 混合画笔"选项，选择需要的画笔形状，将"大小"选项设为 80 像素，如图 7-110 所示。在图像窗口中单击两次绘制高光图形，效果如图 7-111 所示。

图 7-108　　　　　　　　　　　图 7-109　　　　　　　　　　　图 7-110

（12）新建图层并将其命名为"高光 2"。选择"画笔"工具 ，在其属性栏中单击"切换'画笔设置'面板"按钮 ，弹出"画笔设置"控制面板。选择"画笔笔尖形状"选项，进行设置，如图 7-112 所示。在图像窗口中拖曳绘制高光图形，效果如图 7-113 所示。

（13）按 Ctrl+O 组合键，打开云盘中的"Ch07 > 素材 > 制作珠宝网站详情页主图 > 05"文件。选择"移动"工具 ，将"05"图片拖曳到新建图像窗口中适当的位置，效果如图 7-114 所示，在"图层"控制面板中生成新的图层并将其命名为"装饰"。至此，珠宝网站详情页主图制作完成。

图 7-111　　　　　　　图 7-112　　　　　　　图 7-113　　　　　　　图 7-114

7.5　新建填充和调整图层

"新建填充图层"和"新建调整图层"命令用于对现有图层添加一系列的特殊效果。

7.5.1　新建填充图层

当需要新建填充图层时，可以选择"图层 > 新建填充图层"命令，或单击"图层"控制面板中的"创建新的填充或调整图层"按钮 ●，弹出填充图层的 3 种方式，如图 7-115 所示。选择其中的一种方式将弹出"新建图层"对话框，这里以"渐变填充 1"为例，如图 7-116 所示。单击"确定"按钮，将弹出"渐变填充"对话框，如图 7-117 所示。再单击"确定"按钮，"图层"控制面板和图像的效果分别如图 7-118 和图 7-119 所示。

图 7-115　　　　　　　　　　　　　　　　　　图 7-116

图 7-117　　　　　　　　　图 7-118　　　　　　　　　图 7-119

7.5.2　新建调整图层

当需要对一个或多个图层进行色彩调整时，可以新建调整图层。选择"图层 > 新建调整图层"命令，或单击"图层"控制面板中的"创建新的填充或调整图层"按钮 ●，弹出调整图层色彩的多种方式的菜单，如图 7-120 所示。选择其中的一种方式将弹出"新建图层"对话框，这里以"色相/饱和度"为例，如图 7-121 所示。单击"确定"按钮，在弹出的"色相/饱和度"面板中按照图 7-122 所示进行调整。按 Enter 键，"图层"控制面板和图像的效果如图 7-123 所示。

图 7-120　　　　　　　　　　图 7-121　　　　　　　　　图 7-122

图 7-123

7.5.3　课堂案例——制作化妆品网店详情页主图

【案例学习目标】学习使用"新建调整图层"命令调整图像。

【案例知识要点】使用"曝光度"命令和"曲线"命令调整照片的质感。最终效果如图 7-124 所示。

【效果文件位置】云盘\Ch07\效果\制作化妆品网店详情页主图.psd。

制作化妆品网店
详情页主图

（1）打开 Photoshop 2020，按 Ctrl+O 组合键，打开云盘中的"Ch07 > 素材 > 制作化妆品网店详情页主图 > 01"文件，如图 7-125 所示。将"背景"图层拖曳到"图层"控制面板下方的"创建新图层"按钮 ⊡ 上进行复制，生成新的图层"背景 拷贝"。

（2）单击"图层"控制面板下方的"创建新的填充或调整图层"按钮 ◉ ，在弹出的菜单中选择"曝光度"命令。在"图层"控制面板中生成"曝光度 1"图层，同时弹出"曝光度"面板，设置如图 7-126 所示。按 Enter 键确定操作，图像效果如图 7-127 所示。

图 7-124　　　　　　图 7-125　　　　　　图 7-126　　　　　　图 7-127

（3）单击"图层"控制面板下方的"创建新的填充或调整图层"按钮 ◉ ，在弹出的菜单中选择"曲线"命令。在"图层"控制面板中生成"曲线 1"图层，同时弹出"曲线"面板。在曲线上单击添加控制点，将"输入"选项设为 200，"输出"选项设为 219，如图 7-128 所示。

（4）再次在曲线上单击添加控制点，将"输入"选项设为 67，"输出"选项设为 41，如图 7-129 所示。按 Enter 键确定操作，图像效果如图 7-130 所示。

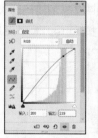

图 7-128　　　　图 7-129

（5）按 Ctrl+O 组合键，打开云盘中的"Ch07 > 素材 > 制作化妆品网店详情页主图 > 02"文件。选择"移动"工具 ✛ ，将"02"图片拖曳到"01"图像窗口中适当的位置，效果如图 7-131 所示，在"图层"控制面板中生成新的图层并将其命名为"装饰"。至此，化妆品网店详情页主图制作完成。

图 7-130

图 7-131

7.6 图层样式

"样式"控制面板可以用来保存并快速地套用各种图层特效于要编辑的对象中，以简化操作步骤、节省操作时间。

7.6.1 样式控制面板

选择"窗口 > 样式"命令，弹出"样式"控制面板，如图 7-132 所示。

选择"自定形状"工具 ，在"形状"选项中设定需要的形状，在图像窗口中绘制出需要的图形，效果如图 7-133 所示。在"样式"控制面板中，展开"自然"选项，选择要添加的样式，如图 7-134 所示。图像添加样式后的效果如图 7-135 所示。

图 7-132

图 7-133

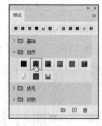

图 7-134

图 7-135

7.6.2 建立新样式

如果在"样式"控制面板中没有需要的样式，那么可以自己建立新的样式。

选择"图层 > 图层样式 > 斜面和浮雕"命令，弹出"图层样式"对话框。在该对话框中设置需要的特效，如图 7-136 所示。单击"新建样式"按钮，弹出"新建样式"对话框，按需要进行设置，如图 7-137 所示。

在"新建样式"对话框中，"包含图层效果"选项用于将特效添加到样式中，"包含图层混合选项"用于将图层混合选项添加到样式中。单击"确定"按钮，新样式被添加到"样式"控制面板中，如图 7-138 所示。

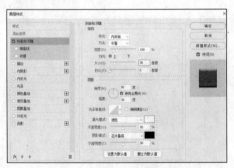

图 7-136   图 7-137   图 7-138

7.6.3 载入样式

Photoshop 2020 提供了一些样式库，可以根据需要将其载入"样式"控制面板中。

单击"样式"控制面板右上方的 ☰ 图标，在弹出的菜单中选择"旧版样式及其他"命令，如图 7-139 所示。新样式被载入"样式"控制面板中，展开"旧版样式及其他"选项，如图 7-140 所示。

图 7-139   图 7-140

7.6.4 删除样式

"删除样式"命令用于删除"样式"控制面板中的样式。

将要删除的样式直接拖曳到"样式"控制面板下方的"删除样式"按钮 🗑 上，即可完成样式的删除。

课后习题——制作传统美食网店详情页主图

【习题知识要点】使用"置入嵌入对象"命令置入图片，使用"横排文字"工具添加文字，使用"添加图层样式"命令为图像添加效果，使用"矩形"工具、"圆角矩形"工具绘制基本形状，使用"创建剪贴蒙版"命令调整图片显示区域。最终效果如图 7-141 所示。

制作传统美食网店
详情页主图

图 7-141

【效果文件位置】云盘\Ch07\效果\制作传统美食网店详情页主图.psd。

第 8 章
文字的使用

Photoshop 2020 的文字输入和编辑功能与以前的版本的相比有很大的改进和提高。本章将详细讲解文字的编辑方法和应用技巧。读者通过学习本章,应了解和掌握文字的功能及特点,并能在设计制作任务中充分利用文字效果。

课堂学习目标

- ✔ 掌握文字的水平和垂直输入的技巧
- ✔ 掌握文字图层的转换方法
- ✔ 掌握文字的变形技巧
- ✔ 掌握在路径上创建并编辑文字的方法
- ✔ 掌握字符与段落的设置方法

素养目标

- ✔ 夯实学生的文字功底
- ✔ 加深学生对中华传统文化的热爱

8.1 文字工具的使用

在 Photoshop 2020 中,文字工具包括"横排文字"工具、"直排文字"工具、"直排文字蒙版"工具和"横排文字蒙版"工具。应用文字工具可以实现对文字的输入和编辑。

8.1.1 文字工具

1. 横排文字工具

启用"横排文字"工具 T.有以下两种方法。

- 单击工具箱中的"横排文字"工具 T.。
- 按 T 键。

启用"横排文字"工具 T.,其属性栏如图 8-1 所示。

图 8-1

在"横排文字"工具属性栏中，"切换文本取向"按钮 用于设定文字输入的方向； 选项用于设定文字的字体及属性； 选项用于设定文字的大小； 选项用于消除文字的锯齿，包括"无""锐利""犀利""浑厚""平滑"5 个选项； 选项用于设定文字的段落格式，包括左对齐、居中对齐和右对齐 3 种格式； 按钮用于设定文字的颜色；"创建文字变形"按钮 用于对文字进行变形操作；"切换字符和段落面板"按钮 用于隐藏或打开"段落"和"字符"控制面板；"取消所有当前编辑"按钮 用于取消对文字的操作；"提交所有当前编辑"按钮 用于确定对文字的操作；"从文本创建 3D"按钮 用于从文本创建 3D 动画。

2. 直排文字工具

应用"直排文字"工具 可以在图像中建立垂直文本。

3. 直排文字蒙版工具

应用"直排文字蒙版"工具 可以在图像中建立垂直文本的选区。

4. 横排文字蒙版工具

应用"横排文字蒙版"工具 可以在图像中建立水平文本的选区。

8.1.2 建立点文字图层

建立点文字图层就是以点的方式建立文字图层。

将"横排文字"工具 移动到图像窗口中，鼠标指针变为 图标。在图像窗口中单击，此时出现一个带有选中文字的文字区域，如图 8-2 所示。切换到需要的输入法并输入需要的文字，文字会显示在图像窗口中，效果如图 8-3 所示。在输入文字的同时，"图层"控制面板中将自动生成一个新的文字图层，如图 8-4 所示。

图 8-2

图 8-3

图 8-4

8.1.3 建立段落文字图层

建立段落文字图层就是指以段落文本框的方式建立文字图层。下面将具体讲解建立段落文字图层的方法。

将"横排文字"工具 移动到图像窗口中，鼠标指针变为图标 。按住鼠标左键，在图像窗口中拖曳出一个段落文本框，如图 8-5 所示。此时，图像窗口中会出现一个虚线变换框且带有选中文本的矩形文本框，输入文字即可。段落文本框具有自动换行的功能，如果输入的文字较多，当文字宽度大于文本框宽度时，文字就会自动换到下一行显示，效果如图 8-6 所示。如果输入的文字需要分出段落，可以按 Enter 键进行操作。另外，还可以对文本框进行旋转、拉伸等操作。

图 8-5

图 8-6

8.1.4　消除文字锯齿

"消除锯齿"命令用于消除文字边缘的锯齿，得到比较光滑的文字效果。启用"消除锯齿"命令有以下两种方法。

- 应用菜单命令。选择"文字 > 消除锯齿"命令下拉菜单中的各个命令来消除文字锯齿，如图 8-7 所示。"无"命令表示不应用"消除锯齿"命令，此时，文字的边缘会出现锯齿；"锐利"命令用于对文字的边缘进行锐化处理；"犀利"命令用于使文字更加鲜明；"浑厚"命令用于使文字更加粗重；"平滑"命令用于使文字更加平滑。
- 应用"字符"控制面板。在"字符"控制面板中的"设置消除锯齿的方法"下拉列表框中选择消除文字锯齿的方法，如图 8-8 所示。

图 8-7

图 8-8

8.2　转换文字图层

在输入文字后，可以根据设计制作的需要对文字进行一系列的转换。

8.2.1　将文字转换为路径

在图像中输入文字，如图 8-9 所示。选择"文字 > 创建工作路径"命令，在文字的边缘增加路径，效果如图 8-10 所示。

图 8-9

图 8-10

8.2.2 将文字转换为形状

在图像中输入文字，如图 8-11 所示。选择"文字 > 转换为形状"命令，在文字的边缘增加形状路径，效果如图 8-12 所示。在"图层"控制面板中，文字图层被形状图层所代替，如图 8-13 所示。

图 8-11

图 8-12

图 8-13

8.2.3 文字的横排与直排

在图像中输入横排文字，如图 8-14 所示。选择"文字 > 文本排列方向 > 竖排"命令，文字将从横排转换为竖排，效果如图 8-15 所示。

图 8-14

图 8-15

8.2.4 点文字图层与段落文字图层的转换

在图像中建立点文字图层，如图 8-16 所示。选择"文字 > 转换为段落文本"命令，点文字图层将转换为段落文字图层，效果如图 8-17 所示。

图 8-16

图 8-17

若要将建立的段落文字图层转换为点文字图层，则选择"文字 > 转换为点文本"命令即可。

8.3 文字变形效果

可以根据需要对输入完成的文字进行各种变形。打开一幅图像，按 T 键，选择"横排文字"工具 T，在其属性栏中设置文字的属性，如图 8-18 所示，在图像窗口中单击并输入需要的文字，文字将显示在图像窗口中，效果如图 8-19 所示，在"图层"控制面板中生成新的文字图层。

图 8-18

单击文字工具属性栏中的"创建文字变形"按钮 工，弹出"变形文字"对话框，如图 8-20 所示，其中"样式"选项中有文字变形的 15 种效果，如图 8-21 所示。

图 8-19   图 8-20   图 8-21

文字的多种变形效果，如图 8-22 所示。

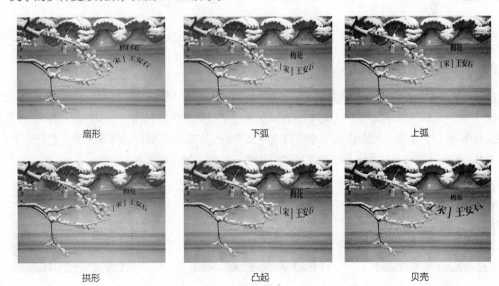

扇形   下弧   上弧

拱形   凸起   贝壳

图 8-22

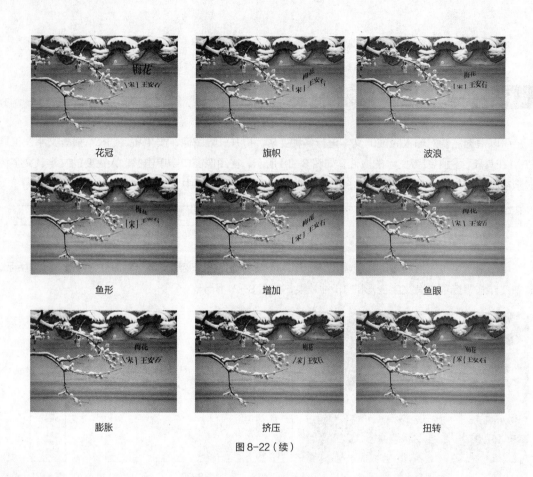

花冠　　　　　　　　　　　旗帜　　　　　　　　　　　波浪

鱼形　　　　　　　　　　　增加　　　　　　　　　　　鱼眼

膨胀　　　　　　　　　　　挤压　　　　　　　　　　　扭转

图 8-22（续）

8.4 排列文字

在 Photoshop 2020 中，可以把文本沿着路径放置，这样的文字还可以在 Illustrator 中直接被编辑。

8.4.1 沿路径排列文字

打开一幅图像，选择"钢笔"工具 ，或按 P 键，在图像中绘制一条路径，效果如图 8-23 所示。按 T 键，选择"横排文字"工具 ，在其属性栏中设置文字的属性，当鼠标指针停放在路径上时会变为图标 ，单击，此时出现一个带有选中文字的文字区域，此处成为输入文字的起始点，效果如图 8-24 所示。输入的文字会按照路径的形状进行排列，效果如图 8-25 所示。

图 8-23　　　　　　　　　　　图 8-24　　　　　　　　　　　图 8-25

文字输入完成后，在"路径"控制面板中会自动生成文字路径层，如图 8-26 所示。取消"视图 >

显示额外内容"命令的选中状态，可以隐藏文字路径，效果如图 8-27 所示。

图 8-26

图 8-27

提示

"路径"控制面板中的文字路径图层与"图层"控制面板中相应的文字图层是相链接的，删除文字图层时，文字路径图层会自动被删除，删除其他工作路径不会对文字的排列有影响。如果要修改文字的排列形状，就需要对文字路径进行修改。

8.4.2 课堂案例——制作餐厅招牌面宣传单

【案例学习目标】学习使用"椭圆"工具和"横排文字"工具制作路径文字。

【案例知识要点】使用"椭圆"工具、"横排文字"工具和"字符"控制面板制作路径文字，使用"横排文字"工具、"仿斜体"按钮添加其他相关信息。最终效果如图 8-28 所示。

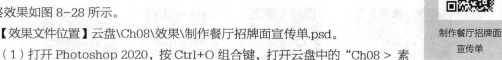
制作餐厅招牌面
宣传单

【效果文件位置】云盘\Ch08\效果\制作餐厅招牌面宣传单.psd。

（1）打开 Photoshop 2020，按 Ctrl+O 组合键，打开云盘中的"Ch08 > 素材 > 制作餐厅招牌面宣传单 > 01"文件，如图 8-29 所示。

（2）选择"椭圆"工具 ○，将其属性栏的"选择工具模式"选项设为"路径"，按住 Shift 键的同时，在图像窗口中绘制一个圆形路径，效果如图 8-30 所示。

（3）将前景色设为白色，选择"横排文字"工具 T，在其属性栏中选择合适的字体并设置文字大小，将鼠标指针放置在椭圆路径上，此时鼠标指针会变为 ↓ 图标。单击会出现一个带有选中文字的文字区域，此处成为输入文字的起始点，输入需要的白色文字，效果如图 8-31 所示，在"图层"控制面板生成新的文字图层。

图 8-28

图 8-29

图 8-30

图 8-31

（4）将输入的文字同时选中，按 Ctrl+T 组合键，弹出"字符"控制面板，将"设置所选字符的字距调整"选项 ⅤⒶ 设置为-180，其他选项的设置如图 8-32 所示。按 Enter 键确定操作，效果如图 8-33 所示。

（5）在文字"肉"左侧单击插入光标，如图 8-34 所示，在"字符"控制面板，将"设置两个字符间的字距微调"选项  设置为−180，其他选项的设置如图 8-35 所示。按 Enter 键确定操作，效果如图 8-36 所示。

| 图 8-32 | 图 8-33 | 图 8-34 | 图 8-35 |

（6）用相同的方法制作其他路径文字，效果如图 8-37 所示。按 Ctrl+O 组合键，打开云盘中的"Ch08 > 素材 > 制作餐厅招牌面宣传单 > 02"文件，选择"移动"工具 ，将"02"图片拖曳到"01"图像窗口中适当的位置，效果如图 8-38 所示，在"图层"控制面板中生成新的图层并将其命名为"印章"。

（7）选择"横排文字"工具 ，在适当的位置分别输入需要的文字并选中文字，在其属性栏中分别选择合适的字体并设置大小，设置文本颜色为白色，效果如图 8-39 所示，在"图层"控制面板中生成新的文字图层。

| 图 8-36 | 图 8-37 | 图 8-38 | 图 8-39 |

（8）选中文字"面质…筋道"，在"字符"控制面板中，将"设置字体大小"选项 设置为 60.5 点，其他选项的设置如图 8-40 所示。按 Enter 键确定操作，效果如图 8-41 所示。

| 图 8-40 | 图 8-41 |

（9）选中数字"29"，在"字符"控制面板中，单击"仿斜体"按钮 ，其他选项的设置如图 8-42 所示。按 Enter 键确定操作，效果如图 8-43 所示。至此，餐厅招牌面宣传单制作完成，效果如图 8-44 所示。

图 8-42   图 8-43   图 8-44

8.5 字符与段落的设置

可以应用"字符"控制面板和"段落"控制面板分别对文字与段落进行编辑和调整。下面将具体讲解设置字符与段落的方法。

8.5.1 字符控制面板

Photoshop 2020 在处理文字方面较之以前的版本有飞跃性的突破。其中，"字符"控制面板可以用来编辑文本字符。

图 8-45

选择"窗口 > 字符"命令，弹出"字符"控制面板，如图 8-45 所示。

- "搜索和选择字体"选项 Adobe 黑体 Std：选中字符或文字图层，单击选项右侧的 ˅ 按钮，在弹出的下拉列表中选择需要的字体。
- "设置字体样式"选项 - ：选中字符或文字图层，单击选项右侧的 ˅ 按钮，在弹出的下拉列表中选择需要的字体样式。
- "设置字体大小"选项 12 点：选中字符或文字图层，在文本框中输入数值，或单击选项右侧的 ˅ 按钮，在弹出的下拉列表中选择需要的文字大小数值。
- "设置行距"选项 (自动)：选中需要调整行距的文本段落或文字图层，在文本框中输入数值，或单击选项右侧的 ˅ 按钮，在弹出的下拉列表中选择需要的行距数值，可以调整文本段落的行距，效果如图 8-46 所示。

数值为自动时的效果   数值为 32 时的效果   数值为 40 时的效果

图 8-46

- "设置两个字符间的字距微调"选项 VA 0：使用文字工具在两个字符间单击，插入光标，在文本框中输入数值，或单击选项右侧的 ˅ 按钮，在弹出的下拉列表中选择需要的字距数值。输入正值时，字距会加大；输入负值时，字距会缩小，效果如图 8-47 所示。
- "设置所选字符的字距调整"选项 VA 0：选中需要调整字距的文本段落或文字图层，在文本框中输入数值，或单击选项右侧的 ▽ 按钮，在弹出的下拉列表中选择需要的字距数值，可以调整文本段落的字距。输入正值时，字距加大；输入负值时，字距缩小，效果如图 8-48 所示。

数值为 0 时的效果

数值为 400 时的效果

数值为-400 时的效果

图 8-47

数值为 0 时的效果

数值为 200 时的效果

数值为-100 时的效果

图 8-48

- "设置所选字符的比例间距"选项 0% ▽ ：选中字符或文字图层，在文本框中选择百分比数值，可以对所选字符的比例间距进行细微的调整，效果如图 8-49 所示。

字符比例间距   字符比例间距
数值为 0%时的效果   数值为 100%时的效果

图 8-49

- "垂直缩放"选项 T 100% ：选中字符或文字图层，在文本框中输入数值，可以调整字符的长度，效果如图 8-50 所示。

数值为 100%时的效果

数值为 130%时的效果

数值为 180%时的效果

图 8-50

- "水平缩放"选项 T 100% ：选中字符或文字图层，在文本框中输入数值，可以调整字符的宽度，效果如图 8-51 所示。
- "设置基线偏移"选项 Aª 0点 ：选中字符，在文本框中输入数值，可以调整字符上下移动。输入正值时，横排的字符上移，直排的字符右移；输入负值时，横排的字符下移，直排的字符左移，效果如图 8-52 所示。

数值为 100%时的效果

数值为 130%时的效果

数值为 180%时的效果

图 8-51

选中字符

数值为 10 时的效果

数值为-10 时的效果

图 8-52

- "设置文本颜色"选项 颜色：■：选中字符或文字图层，在颜色框中单击，弹出"拾色器"对话框。在该对话框中设定需要的颜色后，单击"确定"按钮，可以改变文字的颜色。
- "设定字符的形式"按钮 **T** *T* TT Tᵣ T¹ T₂ **T** T̶：从左到右依次为"仿粗体"按钮 **T**、"仿斜体"按钮 *T*、"全部大写字母"按钮 TT、"小型大写字母"按钮 Tᵣ、"上标"按钮 T¹、"下标"按钮 T₂、"下划线"按钮 **T** 和"删除线"按钮 T̶。选中字符或文字图层，单击需要的形式按钮，各个形式效果如图 8-53 所示。

xinjiagou wenhua 文字正常效果　　**xinjiagou wenhua** 文字仿粗体效果　　*xinjiagou wenhua* 文字仿斜体效果　　XINJIAGOU WENHUA 文字全部大写字母效果

XINJIAGOU WENHUA 文字小型大写字母效果　　xinjiagou wenhua 文字上标效果　　xinjiagou wenhua 文字下标效果　　xinjiagou wenhua 文字下划线效果　　xinjiagou wenhua 文字删除线效果

图 8-53

- "语言设置"选项 美国英语 ∨：单击选项右侧的 ∨ 按钮，在弹出的下拉列表中选择需要的语言字典。语言字典主要用于拼写检查和连字设定。
- "设置消除锯齿的方法"选项 ᵃa 锐利 ∨：可以选择"无""锐利""犀利""浑厚""平滑"5种消除锯齿的方式，效果如图 8-54 所示。

G　　G　　G　　G　　G
无　　锐利　　犀利　　浑厚　　平滑

图 8-54

此外，单击"字符"控制面板右上方的 ≡ 图标，将弹出菜单，如图 8-55 所示。

- "更改文本方向"命令：用来改变文字方向。
- "仿粗体"命令：用来设置字符为粗体形式。
- "仿斜体"命令：用来设置字符为斜体形式。
- "全部大写字母"命令：用来设置所有字母为大写形式。
- "小型大写字母"命令：用来设置字母为小的大写字母形式。
- "上标"命令：用来设置字符为上角标。
- "下标"命令：用来设置字符为下角标。
- "下划线"命令：用来设置字符的下划线。
- "删除线"命令：用来设置字符的划线穿越字符。
- "分数宽度"命令：用来设置字符的微小宽度。
- "无间断"命令：用来设置字符为不间断。
- "复位字符"命令：用于恢复"字符"控制面板的默认值。

图 8-55

8.5.2 课堂案例——制作购物节 Banner 广告

【案例学习目标】学习使用"变形文字"命令制作广告文字变形。

【案例知识要点】使用"横排文字"工具、"字符"控制面板输入文字，使用"变形文字"命令创建变形文字，使用"添加图层样式"按钮为文字添加特殊效果。最终效果如图 8-56 所示。

图 8-56

制作购物节
Banner 广告

【效果文件位置】云盘\Ch08\效果\制作购物节 Banner 广告.psd。

（1）打开 Photoshop 2020，按 Ctrl+N 组合键，弹出"新建文档"对话框。设置宽度为 750 像素，高度为 390 像素，分辨率为 72 像素/英寸，色彩模式为 RGB 模式，背景色为白色，单击"创建"按钮，新建一个文件。

（2）按 Ctrl+O 组合键，打开云盘中的"Ch08 > 素材 > 制作购物节 Banner 广告 > 01"文件。选择"移动"工具，将图片拖曳到新建图像窗口中适当的位置，效果如图 8-57 所示，在"图层"控制面板中生成新的图层并将其命名为"图片"。

（3）选择"横排文字"工具，在适当的位置输入需要的文字并选中文字，在其属性栏中选择合适的字体并设置大小，设置文字颜色为白色，效果如图 8-58 所示，在"图层"控制面板中生成新的文字图层。

图 8-57

图 8-58

（4）按 Ctrl+T 组合键，弹出"字符"控制面板，将"设置所选字符的字距调整"选项 [VA] 0 设置为−100，其他选项的设置如图 8-59 所示。按 Enter 键确定操作，效果如图 8-60 所示。

图 8-59

图 8-60

（5）选择"文字 > 文字变形"命令，弹出"变形文字"对话框，选项的设置如图 8-61 所示。单击"确定"按钮，效果如图 8-62 所示。

图 8-61

图 8-62

（6）单击"图层"控制面板下方的"添加图层样式"按钮 fx，在弹出的菜单中选择"描边"命令，弹出对话框，将描边颜色设为黑色，其他选项的设置如图 8-63 所示，图像效果如图 8-64 所示。

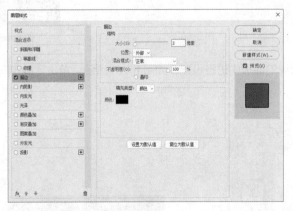

图 8-63

图 8-64

（7）单击"描边"选项右侧的按钮 [+]，添加"描边"样式。单击新添加的"描边"选项，切换到相应的面板，将描边颜色设为蓝色（0、125、241），其他选项的设置如图 8-65 所示，图像效果如图 8-66 所示。

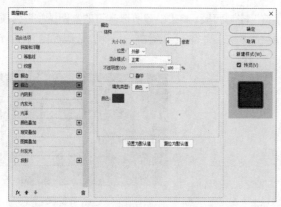

图 8-65

图 8-66

（8）单击"渐变叠加"选项，切换到相应的面板，单击"渐变"选项右侧的"点按可编辑渐变"按钮 ，弹出"渐变编辑器"对话框，将渐变颜色设为从苹果绿色（202、253、191）到粉红色（254、178、190），如图 8-67 所示。单击"确定"按钮。返回到"图层样式"对话框，其他选项的设置如图 8-68 所示。单击"确定"按钮，效果如图 8-69 所示。

图 8-67

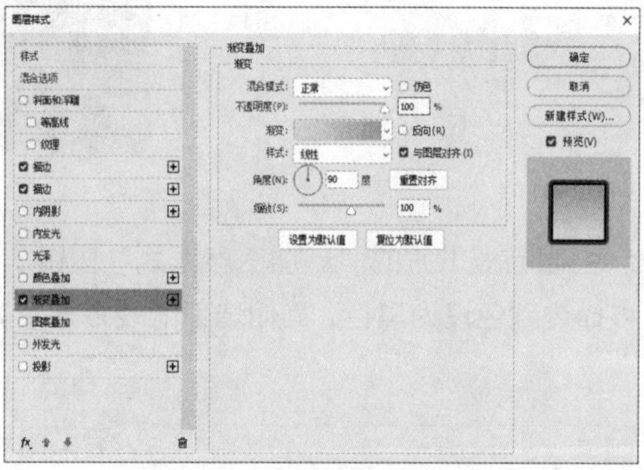

图 8-68

图 8-69

（9）单击"投影"选项，切换到相应的面板中进行设置，如图 8-70 所示。单击"确定"按钮，图像效果如图 8-71 所示。

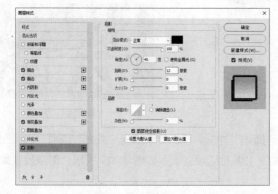

图 8-70

图 8-71

（10）用相同的方法添加其他变形文字，并设置相应的图层样式，效果如图 8-72 所示。至此，购物节 Banner 广告制作完成。

图 8-72

8.5.3　段落控制面板

"段落"控制面板可以用来编辑文本段落。下面具体介绍"段落"控制面板的内容。

选择"窗口 > 段落"命令，弹出"段落"控制面板，如图 8-73 所示。

在"段落"控制面板中，▤ ▤ ▤选项用来调整文本段落中每行对齐的方式，▤表示左对齐文本，▤表示居中对齐文本，▤表示右对齐文本；▤ ▤ ▤选项用来调整段落的对齐方式，▤表示最后一行左对齐，▤表示最后一行居中对齐，▤表示最后一行右对齐；▤选项用来设置整个段落中的行两端对齐，表示全部对齐。

图 8-73

另外，通过输入数值还可以调整段落文字的左缩进▤、右缩进▤、首行缩进▤、段前添加空格▤和段后添加空格▤。

"避头尾法则设置"和"间距组合设置"选项可以用来设置段落的样式；"连字"选项为连字符选框，用来确定文字是否与连字符连接。

- "左缩进"选项▤：用来设置段落左端的缩进量。
- "右缩进"选项▤：用来设置段落右端的缩进量。
- "首行缩进"选项▤：用来设置段落第一行的左端缩进量。
- "段前添加空格"选项▤：用来设置当前段落与前一段落的距离。
- "段后添加空格"选项▤：用来设置当前段落与后一段落的距离。

此外，单击"段落"控制面板右上方的▤图标，还可以弹出菜单，如图 8-74 所示。

- "罗马式溢出标点"命令：为罗马悬挂标点。
- "顶到顶行距"命令：用于设置段落行距为两行文字顶部之间的距离。
- "底到底行距"命令：用于设置段落行距为两行文字底部之间的距离。
- "对齐"命令：用于调整段落中文字的对齐。
- "连字符连接"命令：用于设置连字符。
- "单行书写器"命令：单行编辑器。
- "多行书写器"命令：多行编辑器。
- "复位段落"命令：用于恢复"段落"控制面板的默认值。

图 8-74

课后习题——制作中秋月饼商品海报

【习题知识要点】使用"新建参考线版面"命令建立参考线，使用"置入嵌入对象"命令置入图片，使用"横排文字"工具添加文字，使用"矩形"工具、"圆角矩形"工具绘制基本形状，使用"添加图层样式"命令为图像添加效果。最终效果如图 8-75 所示。

制作中秋月饼
商品海报

图 8-75

【效果文件位置】云盘\Ch08\效果\制作中秋月饼商品海报.psd。

第9章
图形与路径

Photoshop 2020 的图形绘制功能非常强大。本章将详细讲解 Photoshop 2020 的绘图功能和应用技巧。读者通过学习本章，应能够根据设计制作任务的需要，绘制出精美的图形，并能为绘制的图形添加丰富的视觉效果。

课堂学习目标

- ✔ 掌握绘图工具的使用方法
- ✔ 掌握路径的绘制和选取的方法
- ✔ 掌握路径的添加、删除和转换的方法
- ✔ 了解创建 3D 图形和使用 3D 工具的方法

素养目标

- ✔ 培养学生细致的工作习惯
- ✔ 培养学生严谨的工作作风

9.1 绘制图形

路径工具极大地加强了 Photoshop 2020 处理图像的能力，它可以用来绘制路径、剪切路径和填充区域。

9.1.1 矩形工具的使用

"矩形"工具可以用来绘制矩形或正方形。启用"矩形"工具 □ 有以下两种方法。

- 单击工具箱中的"矩形"工具 □。
- 反复按 Shift+U 组合键。

启用"矩形"工具 □，其属性栏如图 9-1 所示。

图 9-1

- 形状 ∨ 选项：用于选择创建路径形状、创建工作路径或填充区域。

- 填充: ■ 描边: ◢ 1像素 ∨ —— ∨ 选项：用于设置矩形的填充色、描边色、描边宽度和描边类型。
- W: 0像素 ∞ H: 0像素 ：用于设置矩形的宽度和高度。
- ▫ ⊩ ⫶ 按钮：用于设置路径的组合方式、对齐方式和排列方式。
- ✿ 按钮：用于设定所绘制矩形的形状。
- "对齐边缘"选项：用于设定边缘对齐。

打开一幅图像，如图 9-2 所示。在图像中绘制矩形，效果如图 9-3 所示，"图层"控制面板如图 9-4 所示。

图 9-2   图 9-3   图 9-4

9.1.2 圆角矩形工具的使用

"圆角矩形"工具可以用来绘制具有平滑边缘的矩形。启用"圆角矩形"工具 ◎ 有以下两种方法。

- 单击工具箱中的"圆角矩形"工具 ◎ 。
- 反复按 Shift+U 组合键。

启用"圆角矩形"工具 ◎ ，其属性栏如图 9-5 所示。其属性栏中的选项内容与"矩形"工具属性栏中的选项内容类似，只增加了"半径"选项，用于设定圆角矩形的平滑程度，半径数值越大，圆角矩形越平滑。

图 9-5

打开一幅图像，如图 9-6 所示。将"半径"选项设为 40 像素，在图像中绘制圆角矩形，效果如图 9-7 所示，"图层"控制面板如图 9-8 所示。

图 9-6   图 9-7   图 9-8

9.1.3 椭圆工具的使用

"椭圆"工具可以用来绘制椭圆或圆形。启用"椭圆"工具 ◯,有以下两种方法。

● 单击工具箱中的"椭圆"工具 ◯。
● 反复按 Shift+U 组合键。

启用"椭圆"工具 ◯,其属性栏如图 9-9 所示。其属性栏中的选项内容与"矩形"工具属性栏中的选项内容类似。

图 9-9

打开一幅图像,如图 9-10 所示。在图像上绘制椭圆,效果如图 9-11 所示,"图层"控制面板如图 9-12 所示。

图 9-10　　　　　　　　图 9-11　　　　　　　　图 9-12

9.1.4 多边形工具的使用

"多边形"工具可以用来绘制多边形。启用"多边形"工具 ◯,有以下两种方法。

● 单击工具箱中的"多边形"工具 ◯。
● 反复按 Shift+U 组合键。

启用"多边形"工具 ◯,其属性栏如图 9-13 所示。其属性栏中的选项内容与"矩形"工具属性栏中的选项内容类似,只增加了"边"选项,用于设定多边形的边数。

图 9-13

打开一幅图像,如图 9-14 所示。单击"多边形"工具属性栏中的 ⚙ 按钮,在弹出的面板中进行设置,如图 9-15 所示。在图像中绘制多边形,效果如图 9-16 所示。"图层"控制面板如图 9-17 所示。

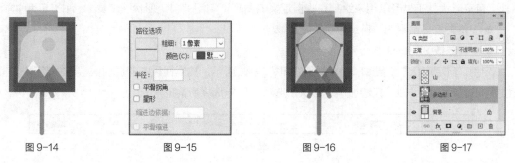

图 9-14　　　　　　　图 9-15　　　　　　　图 9-16　　　　　　　图 9-17

9.1.5 直线工具的使用

"直线"工具可以用来绘制直线或带有箭头的线段。启用"直线"工具 ∕ 有以下两种方法。

● 单击工具箱中的"直线"工具 ∕ 。

● 反复按 Shift+U 组合键。

启用"直线"工具 ∕ ，其属性栏如图 9-18 所示。其属性栏中的选项内容与"矩形"工具属性栏中的选项内容类似，只增加了"粗细"选项，用于设定直线的宽度。

图 9-18

单击"直线"工具属性栏中的 ✿ 按钮，弹出"箭头"面板，如图 9-19 所示。

在"箭头"面板中，"起点"选项用于设定箭头位于线段的始端，"终点"选项用于设定箭头位于线段的末端，"宽度"选项用于设定箭头宽度和线段宽度的比值，"长度"选项用于设定箭头长度和线段长度的比值，"凹度"选项用于设定箭头凹凸的形状。

打开一幅图像，如图 9-20 所示。在图像中绘制不同效果的直线，效果如图 9-21 所示。"图层"控制面板如图 9-22 所示。

 提示　　　按住 Shift 键的同时，应用"直线"工具 ∕ 绘制图形时，可以绘制水平或垂直的直线。

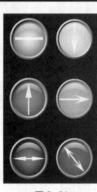

图 9-19　　　　　　图 9-20　　　　　　图 9-21　　　　　　图 9-22

9.1.6 自定形状工具的使用

"自定形状"工具可以用来绘制一些自定义的图形。启用"自定形状"工具 ✿ 有以下两种方法。

● 单击工具箱中的"自定形状"工具 ✿ 。

● 反复按 Shift+U 组合键。

启用"自定形状"工具 ✿ ，其属性栏如图 9-23 所示。其属性栏中的选项内容与"矩形"工具属性栏中的选项内容类似，只增加了"形状"选项，用于选择所需的形状。

图 9-23

单击"形状"选项右侧的 按钮，弹出图 9-24 所示的形状面板，面板中存储了可供选择的各种不规则形状。

选择"窗口 > 形状"命令，弹出"形状"控制面板，如图 9-25 所示。单击"形状"控制面板右上方的图标 ☰，弹出菜单，如图 9-26 所示。选择"旧版形状及其他"菜单即可添加旧版形状，如图 9-27 所示。

图 9-24

图 9-25

图 9-26

图 9-27

打开一幅图像，选择"旧版形状及其他 > 所有旧版默认形状 > 物体"中需要的图形，如图 9-28 所示。在图像窗口中绘制图形，效果如图 9-29 所示，"图层"控制面板如图 9-30 所示。

图 9-28

图 9-29

图 9-30

可以应用"定义自定形状"命令来制作并定义形状。使用"钢笔"工具 ⌀ 在图像窗口中绘制路径并填充路径，效果如图 9-31 所示。选择"编辑 > 定义自定形状"命令，弹出"形状名称"对话框，在"名称"文本框中输入自定形状的名称，如图 9-32 所示。单击"确定"按钮，在"形状"面板中将会显示刚才定义的形状，如图 9-33 所示。

图 9-31

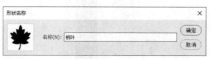
图 9-32

图 9-33

9.1.7 课堂案例——制作 IT 互联网 App 闪屏页

【案例学习目标】学习使用不同的基本绘图工具绘制各种图形，使用"路径选择"工具调整图形位置。

【案例知识要点】使用"椭圆"工具、"路径选择"工具绘制装饰图形，使用"置入嵌入对象"命令置入素材图片，使用"横排文字"工具、"字符"控制面板

制作 IT 互联网
App 闪屏页

添加标志文字。最终效果如图 9-34 所示。

【效果文件位置】云盘\Ch09\效果\制作 IT 互联网 App 闪屏页.psd。

（1）打开 Photoshop 2020，按 Ctrl+N 组合键，弹出"新建文档"对话框，设置宽度为 750 像素，高度为 1334 像素，分辨率为 72 像素/英寸，色彩模式为 RGB 模式，背景色为浅粉色（255、234、232），单击"创建"按钮，新建一个文件，效果如图 9-35 所示。

图 9-34

（2）选择"矩形"工具 ▢，将其属性栏的"选择工具模式"选项设为"形状"，将"填充"颜色设为红色（230、28、4），"描边"颜色设为无，在图像窗口中右侧绘制一个矩形，效果如图 9-36 所示，在"图层"控制面板中生成新的形状图层"矩形 1"。

（3）选择"椭圆"工具 ⬭，将其属性栏的"选择工具模式"选项设为"形状"，按住 Shift 键的同时，在图像窗口中绘制一个圆形，将"填充"颜色设为粉色（249、182、175），"描边"颜色设为无，效果如图 9-37 所示，在"图层"控制面板中生成新的形状图层"椭圆 1"。

（4）选择"路径选择"工具 ▸，按住 Alt+Shift 组合键的同时，水平向右拖曳圆形到适当的位置，复制圆形，效果如图 9-38 所示。

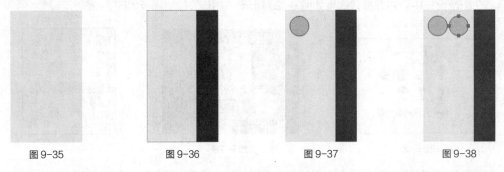

图 9-35   图 9-36   图 9-37   图 9-38

（5）使用"路径选择"工具 ▸，按住 Shift 键的同时，单击左侧圆形将其同时选中，如图 9-39 所示。按住 Alt+Shift 组合键的同时，垂直向下拖曳圆形到适当的位置，复制一组圆形，效果如图 9-40 所示。连续按 Ctrl+Shift+Alt+T 组合键，按需要再复制多个圆形，效果如图 9-41 所示。

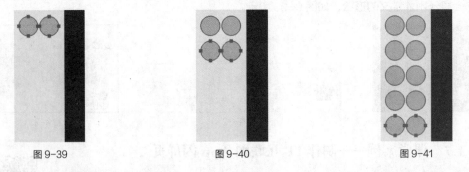

图 9-39   图 9-40   图 9-41

（6）单击"图层"控制面板下方的"创建新组"按钮 ▭，生成新的图层组并将其命名为"产品"。选择"文件 > 置入嵌入对象"命令，弹出"置入嵌入的对象"对话框，选择云盘中的"Ch09 > 素材 > 制作 IT 互联网 App 闪屏页 > 01"文件，单击"置入"按钮，将图片置入图像窗口中，并将其拖曳到适当的位置。按 Enter 键确定操作，效果如图 9-42 所示，在"图层"控制面板中生成新的图层并将其命名为"挎包"。

（7）用相同的方法分别置入其他图片，并调整其位置，效果如图 9-43 所示。单击"产品"图层组左侧的三角形图标 ∨，将"产品"图层组中的图层隐藏，如图 9-44 所示。

（8）单击"图层"控制面板下方的"创建新的填充或调整图层"按钮 ，在弹出的菜单中选择"色相/饱和度"命令，在"图层"控制面板中生成"色相/饱和度 1"图层，同时弹出"色相/饱和度"面板，单击"此调整影响下面的所有图层"按钮 使其显示为"此调整剪切到此图层"按钮 ，其他选项的设置如图 9-45 所示。按 Enter 键确定操作，图像效果如图 9-46 所示。

图 9-42

图 9-43　　　　　　图 9-44　　　　　　图 9-45　　　　　　图 9-46

（9）单击"图层"控制面板下方的"创建新的填充或调整图层"按钮 ，在弹出的菜单中选择"色阶"命令，在"图层"控制面板中生成"色阶 1"图层，同时弹出"色阶"面板，单击"此调整影响下面的所有图层"按钮 使其显示为"此调整剪切到此图层"按钮 ，其他选项的设置如图 9-47 所示。按 Enter 键确定操作，图像效果如图 9-48 所示。

（10）选择"文件 > 置入嵌入对象"命令，弹出"置入嵌入的对象"对话框，选择云盘中的"Ch09 > 素材 > 制作 IT 互联网 App 闪屏页 > 11"文件，单击"置入"按钮，将图片置入图像窗口中，并将其拖曳到适当的位置。按 Enter 键确定操作，效果如图 9-49 所示，在"图层"控制面板中生成新的图层并将其命名为"标"。

图 9-47　　　　　　图 9-48　　　　　　图 9-49

（11）选择"横排文字"工具 ，在适当的位置分别输入需要的文字并选中文字，在其属性栏中分别选择合适的字体并设置大小，设置文本颜色为浅粉色（255、234、232），效果如图 9-50 所示，在"图层"控制面板中生成新的文字图层。

（12）选中文字"您的生活管家"，按 Ctrl+T 组合键，弹出"字符"控制面板，将"设置所选字符的字距调整"选项 设置为 100，其他选项的设置如图 9-51 所示。按 Enter 键确定操作，效果如图 9-52 所示。至此，IT 互联网 App 闪屏页制作完成，效果如图 9-53 所示。

图 9-50

图 9-51

图 9-52

图 9-53

9.2　绘制和选取路径

路径对于 Photoshop 2020 高手来说确实是一个非常得力的"助手"。使用路径可以进行复杂图像的选取，可以存储选取区域以备再次使用，也可以绘制线条平滑的优美图形。

9.2.1　了解路径的含义

下面介绍路径及其相关概念。

● 锚点：由"钢笔"工具创建，是路径中两条线段的连接点。

● 直线点：按住 Alt 键，单击刚建立的锚点，可以将锚点转换为带有一个独立调节手柄的直线点。直线点是一条直线段与一条曲线段的连接点。

● 曲线点：带有两个独立调节手柄的锚点，是两条曲线段之间的连接点，如图 9-54 所示。调节手柄可以改变曲线的弧度。

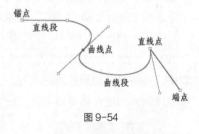
图 9-54

● 直线段：用"钢笔"工具在图像中单击两个不同的位置，将在两点之间创建一条直线段。

● 曲线段：拖曳曲线点可以创建一条曲线段。

● 端点：路径的结束点就是路径的端点。

9.2.2　钢笔工具的使用

"钢笔"工具用于在 Photoshop 2020 中绘制路径。下面具体讲解"钢笔"工具的使用方法和操作技巧。

启用"钢笔"工具 有以下两种方法。

● 单击工具箱中的"钢笔"工具 。

● 反复按 Shift+P 组合键。

下面介绍与"钢笔"工具相配合的功能键。

按住 Shift 键，创建锚点时，会强迫系统以 45 度角或 45 度角的倍数绘制路径。

按住 Alt 键，当鼠标指针移到锚点上时，鼠标指针暂时由"钢笔"工具 ⌀.转换成"转换点"工具▷。

按住 Ctrl 键，鼠标指针暂时由"钢笔"工具 ⌀.转换成"直接选择"工具▷。

绘制直线段：建立一个新的图像文件，选择"钢笔"工具 ⌀，将"钢笔"工具的属性栏中的"选择工具模式"选项设为"路径"，这样使用"钢笔"工具 ⌀.绘制的将是路径。如果选择"形状"，将绘制出形状图层。勾选"自动添加/删除"复选框，"钢笔"工具的属性栏如图 9-55 所示。

图 9-55

在图像中任意位置单击，将创建第 1 个锚点。将鼠标指针移动到其他位置再单击，则创建第 2 个锚点。两个锚点之间自动以直线连接，效果如图 9-56 所示。再将鼠标指针移动到其他位置单击，出现了第 3 个锚点，系统将在第 2 个锚点和第 3 个锚点之间生成一条新的直线路径，效果如图 9-57 所示。

将鼠标指针移至第 2 个锚点上，会发现鼠标指针由"钢笔"工具图标▷转换成"删除锚点"工具图标▷_。在第 2 个锚点上单击，即可将第 2 个锚点删除，效果如图 9-58 所示。

图 9-56

图 9-57

图 9-58

绘制曲线：选择"钢笔"工具 ⌀，单击建立新的锚点并按住鼠标左键，拖曳建立曲线段和曲线点，效果如图 9-59 所示。松开鼠标左键，按住 Alt 键，单击刚建立的曲线点，如图 9-60 所示，将其转换为直线点，在其他位置再次单击建立下一个新的锚点，可在曲线段后绘制出直线段，效果如图 9-61 所示。

图 9-59

图 9-60

图 9-61

9.2.3　自由钢笔工具的使用

"自由钢笔"工具用于在 Photoshop 2020 中绘制不规则路径。下面将具体讲解"自由钢笔"工具的使用方法和操作技巧。

启用"自由钢笔"工具 ⌀.有以下两种方法。

● 单击工具箱中的"自由钢笔"工具 ⌀.。

● 反复按 Shift+P 组合键。

图 9-62

打开一幅图像，如图 9-62 所示。启用"自由钢笔"工具 ，对"自由钢笔"工具的属性栏进行设定，如图 9-63 所示。勾选"磁性的"复选框，启用磁性钢笔选项。

在图像的左上方单击确定最初的锚点，然后沿图像小心地拖曳并单击确定其他的锚点，如图 9-64 所示。可以看到在选择中误差比较大，但只需要使用其他几个路径工具对路径进行一番修改和调整，就可以补救过来，最后的效果如图 9-65 所示。

图 9-63

图 9-64

图 9-65

9.2.4　添加锚点工具的使用

"添加锚点"工具 用于在路径上添加新的锚点。下面将具体讲解"添加锚点"工具 的使用方法和操作技巧。

将"添加锚点"工具 移动到建立好的路径上，若当前该处没有锚点，则鼠标指针转换成"添加锚点"工具图标 ，在路径上单击可以添加一个锚点，效果如图 9-66 所示。

将"添加锚点"工具 移动到建立好的路径上，若当前该处没有锚点，则鼠标指针转换成"添加锚点"工具图标 ，按住鼠标左键，向下拖曳，建立曲线段和曲线点，效果如图 9-67 所示。

图 9-66

图 9-67

提示

也可以选择工具箱中的"钢笔"工具 来完成锚点的添加。

9.2.5　删除锚点工具的使用

"删除锚点"工具 用于删除路径上已经存在的锚点。下面将具体讲解"删除锚点"工具 的使用方法和操作技巧。

将"删除锚点"工具 放到直线路径的锚点上，则鼠标指针转换成"删除锚点"工具图标 ，单击锚点将其删除，效果如图 9-68 所示。

将"删除锚点"工具 ⬚ 放到曲线路径的锚点上，则鼠标指针转换成"删除锚点"工具图标 ⬚，单击锚点将其删除，效果如图 9-69 所示。

图 9-68   图 9-69

提示

也可以选择工具箱中的"钢笔"工具 ⬚ 来完成锚点的删除。

9.2.6 转换点工具的使用

使用"转换点"工具 ⬚，通过单击或拖曳锚点可将其转换成直线点或曲线点，拖曳锚点上的调节手柄可以改变线段的弧度。

下面介绍与"转换点"工具 ⬚ 相配合的功能键。

按住 Shift 键，拖曳其中一个锚点，会强迫调节手柄以 45 度角或 45 度角的倍数进行改变。

按住 Alt 键，拖曳调节手柄，可以改变两个调节手柄中的任意一个，而不影响另一个调节手柄的位置。

按住 Alt 键，拖曳路径中的线段，会先复制已经存在的路径，再把复制后的路径拖曳到预定的位置。

下面将运用路径工具创建扑克牌中的红桃图形。

建立一个新文件，选择"钢笔"工具 ⬚，在页面中单击绘制出多边形路径，当要闭合路径时鼠标指针变为 ⬚ 图标，如图 9-70 所示。单击即可闭合路径。这时，完成了一个多边形的图案，如图 9-71 所示。

图 9-70

选择"转换点"工具 ⬚，首先来改变左上角的锚点，将鼠标指针放置在左上角的锚点上，如图 9-72 所示，单击锚点并将其向右上方拖曳形成曲线点，路径的效果如图 9-73 所示。使用同样的方法将右边的锚点变为曲线点，路径的效果如图 9-74 所示。

图 9-71   图 9-72   图 9-73   图 9-74

9.2.7 路径选择工具的使用

"路径选择"工具用于选择一个或几个路径并对其进行移动、组合、对齐、分布和变形。启用"路径选择"工具 ▶.有以下两种方法。

- 单击工具箱中的"路径选择"工具 ▶.。
- 反复按 Shift+A 组合键。

启用"路径选择"工具 ▶.，其属性栏如图 9-75 所示。"选择"选项用于设置所选路径所在的图层。勾选"约束路径移动"复选框，可以只移动两个锚点中的路径，其他路径不受影响。

图 9-75

9.2.8 直接选择工具的使用

"直接选择"工具用于移动路径中的锚点或线段，还可以调整调节手柄和控制点。启用"直接选择"工具 ▶.有以下两种方法。

- 单击工具箱中的"直接选择"工具 ▶.。
- 反复按 Shift+A 组合键。

启用"直接选择"工具 ▶.，拖曳路径中的锚点来改变路径的弧度，效果如图 9-76 所示。

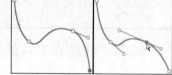

图 9-76

9.2.9 课堂案例——制作运动鞋 App 主页 Banner

【案例学习目标】学习使用不同的绘制工具绘制并调整路径。

【案例知识要点】使用"钢笔"工具、"添加锚点"工具和"直接选择"工具绘制并调整路径，使用选区和路径的转换命令进行转换，使用"移动"工具添加鞋和文字，使用"投影"命令为图片添加阴影效果，使用"色相/饱和度"命令、"曲线"命令调整图片颜色。最终效果如图 9-77 所示。

图 9-77

制作运动鞋 App
主页 Banner

【效果文件位置】云盘\Ch09\效果\制作运动鞋 App 主页 Banner.psd。

（1）打开 Photoshop 2020，按 Ctrl+O 组合键，打开云盘中的"Ch09 > 素材 > 制作运动鞋 App 主页 Banner > 01、02"文件，分别如图 9-78 和图 9-79 所示。

图 9-78

图 9-79

（2）选择"钢笔"工具 ⌀.，将其属性栏的"选择工具模式"选项设为"路径"，在图像窗口中沿着产品轮廓绘制路径，如图 9-80 所示。

（3）按住 Ctrl 键的同时，"钢笔"工具 ∅.转换为"直接选择"工具 ▸.，如图 9-81 所示。拖曳路径中的锚点来改变路径的弧度，如图 9-82 所示。

图 9-80

图 9-81

图 9-82

（4）将鼠标指针移动到路径上，"钢笔"工具 ∅.转换为"添加锚点"工具 ∅.，如图 9-83 所示，在路径上单击添加锚点，如图 9-84 所示。按住 Ctrl 键的同时，"钢笔"工具 ∅.转换为"直接选择"工具 ▸.，拖曳路径中的锚点来改变路径的弧度，如图 9-85 所示。

图 9-83

图 9-84

图 9-85

（5）用相同的方法分别调整锚点和路径，效果如图 9-86 所示。单击"钢笔"工具属性栏中的"路径操作"按钮 ⬚，在弹出的面板中选择"排除重叠形状"，在适当的位置再次绘制两个路径，如图 9-87 所示。按 Ctrl+Enter 组合键，将路径转换为选区，效果如图 9-88 所示。

图 9-86

图 9-87

图 9-88

（6）选择"移动"工具 ✛.，将选区中的图像拖曳到"01"图像窗口中适当的位置，效果如图 9-89 所示，在"图层"控制面板中生成新的图层并将其命名为"鞋"。按 Ctrl+T 组合键，在图像周围出现变换框，按住 Alt 键的同时，拖曳右上角的控制手柄等比例缩小图片，并将其旋转至适当的角度。按 Enter 键确定操作，效果如图 9-90 所示。

图 9-89

图 9-90

（7）单击"图层"控制面板下方的"添加图层样式"按钮 ⨍.，在弹出的菜单中选择"投影"命令，弹出"图层样式"对话框，将投影颜色设为蓝色（19、37、94），其他选项的设置如图 9-91 所示。单击"确定"按钮，效果如图 9-92 所示。

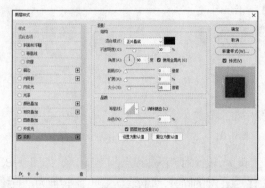
图 9-91

图 9-92

（8）单击"图层"控制面板下方的"创建新的填充或调整图层"按钮 ⊘ ，在弹出的菜单中选择"色相/饱和度"命令，在"图层"控制面板中生成"色相/饱和度 1"图层，同时弹出"色相/饱和度"面板，单击"此调整影响下面的所有图层"按钮 ⫟⊡ 使其显示为"此调整剪切到此图层"按钮 ↴⊡ ，其他选项的设置如图 9-93 所示。按 Enter 键确定操作，图像效果如图 9-94 所示。

图 9-93

图 9-94

（9）单击"图层"控制面板下方的"创建新的填充或调整图层"按钮 ⊘ ，在弹出的菜单中选择"曲线"命令，在"图层"控制面板中生成"曲线 1"图层，同时弹出"曲线"面板。在曲线上单击添加控制点，将"输入"选项设为 204，"输出"选项设为 212，如图 9-95 所示。在曲线上再次单击添加控制点，将"输入"选项设为 106，"输出"选项设为 72。单击"此调整影响下面的所有图层"按钮 ⫟⊡ 使其显示为"此调整剪切到此图层"按钮 ↴⊡ ，其他选项的设置如图 9-96 所示。按 Enter 键确定操作，图像效果如图 9-97 所示。

图 9-95

图 9-96

图 9-97

（10）按 Ctrl+O 组合键，打开云盘中的"Ch07 > 素材 > 制作运动鞋 App 主页 Banner > 03"文件。选择"移动"工具 ⊕ ，将"03"图片拖曳到"01"图像窗口中适当的位置，效果如图 9-98 所示，在"图层"控制面板中生成新的图层并将其命名为"文字"。至此，运动鞋 App 主页 Banner 制作完成。

图 9-98

9.3　路径控制面板

"路径"控制面板用于对路径进行编辑和管理。下面将具体讲解"路径"控制面板的使用方法和操作技巧。

9.3.1　认识路径控制面板

在新文件中绘制一条路径，选择"窗口 > 路径"命令，弹出"路径"控制面板，如图 9-99 所示。

图 9-99

1. 系统按钮

在"路径"控制面板上方的两个系统按钮分别是"折叠为图标"按钮 ⊲⊲ 和"关闭"按钮 ✖ 。单击"折叠为图标"按钮 ⊲⊲ 可以显示和隐藏"路径"控制面板，单击"关闭"按钮 ✖ 可以关闭"路径"控制面板。

2. 路径放置区

路径放置区用于放置所有的路径。

3. "路径"控制面板菜单

单击"路径"控制面板右上方的 ☰ 图标，弹出其菜单，如图 9-100 所示。

4. 工具按钮

在"路径"控制面板的底部有 7 个工具按钮，如图 9-101 所示。

这 7 个工具按钮从左到右依次为"用前景色填充路径"按钮 ● 、"用画笔描边路径"按钮 ○ 、"将路径作为选区载入"按钮 ⦂ 、"从选区生成工作路径"按钮 ◇ 、"添加图层蒙版"按钮 ▣ 、"创建新路径"按钮 ▣ 和"删除当前路径"按钮 🗑 。

图 9-100

- "用前景色填充路径"按钮 ● ：单击该按钮，会对当前选中路径进行填充，填充的对象包括当前路径的所有子路径以及不连续的路径线段；如果选定路径中的一部分，"路径"控制面板的菜单中的"填充路径"命令将变为"填充子路径"命令；如果被填充的路径为开放路径，Photoshop 2020 将自动把两个端点以直线段方式连接然后进行填充；如果只有一条开放的路径，则不能进行填充。
- "用画笔描边路径"按钮 ○ ：单击该按钮，系统将使用当前的颜色和当前在"描边路径"对话框中设定的工具对路径进行勾画。

图 9-101

- "将路径作为选区载入"按钮 ○：用于把当前路径所圈选的范围转换成为选区，单击该按钮，即可进行转换。按住 Alt 键，再单击该按钮，或选择菜单中的"建立选区"命令，系统会弹出"建立选区"对话框。

- "从选区生成工作路径"按钮 ◇：用于把当前的选区转换成路径，单击该按钮，即可进行转换。按住 Alt 键，再单击该按钮，或选择菜单中的"建立工作路径"命令，系统会弹出"建立工作路径"对话框。

- "添加图层蒙版"按钮 ▣：用于为当前图层添加蒙版。

- "创建新路径"按钮 ▣：用于创建一个新的路径，单击该按钮，即可进行创建。按住 Alt 键，再单击该按钮，或选择菜单中的"新建路径"命令，系统会弹出"新建路径"对话框。

- "删除当前路径"按钮 🗑：用于删除当前路径，直接拖曳"路径"控制面板中的一个路径到该按钮上，便可将整个路径全部删除。该按钮的作用与菜单中的"删除路径"命令的作用相同。

9.3.2 新建路径

在操作的过程中，可以根据需要建立新的路径。新建路径有以下两种方法。

- 使用"路径"控制面板菜单。单击"路径"控制面板右上方的 ≣ 图标，在菜单中选择"新建路径"命令，弹出"新建路径"对话框，如图 9-102 所示。"名称"选项用于设定新路径的名称。单击"确定"按钮，"路径"控制面板如图 9-103 所示。

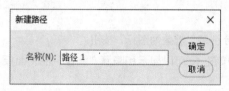

图 9-102

图 9-103

- 使用"路径"控制面板按钮或快捷键。单击"路径"控制面板中的"创建新路径"按钮 ▣，可创建一个新路径。按住 Alt 键，单击"路径"控制面板中的"创建新路径"按钮 ▣，弹出"新建路径"对话框。

9.3.3 保存路径

"保存路径"命令用于保存已经建立并编辑好的路径。

建立新图像，用"钢笔"工具 ◐ 直接在图像上绘制出路径后，在"路径"控制面板中会产生一个临时的工作路径，如图 9-104 所示。单击"路径"控制面板右上方的 ≣ 图标，在菜单中选择"存储路径"命令，弹出"存储路径"对话框，"名称"选项用于设定保存路径的名称。单击"确定"按钮，"路径"控制面板如图 9-105 所示。

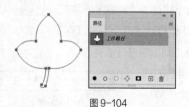

图 9-104

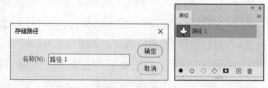

图 9-105

9.3.4　复制、删除、重命名路径

可以对路径进行复制、删除和重命名。

1. 复制路径

复制路径有以下两种方法。

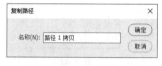

图 9-106

- 使用"路径"控制面板菜单。单击"路径"控制面板右上方的≡图标，在菜单中选择"复制路径"命令，弹出"复制路径"对话框，如图 9-106 所示，"名称"选项用于设定复制路径的名称。单击"确定"按钮，"路径"控制面板如图 9-107 所示。

- 使用"路径"控制面板按钮。将"路径"控制面板中需要复制的路径拖放到下面的"创建新路径"按钮 回 上，就可以将所选的路径复制为一个新路径。

图 9-107

2. 删除路径

删除路径有以下两种方法。

- 使用"路径"控制面板菜单。单击"路径"控制面板右上方的≡图标，在菜单中选择"删除路径"命令，将路径删除。

- 使用"路径"控制面板按钮。选择需要删除的路径，单击"路径"控制面板中的"删除当前路径"按钮 🗑，将选择的路径删除，或将需要删除的路径拖放到"删除当前路径"按钮 🗑 上，将路径删除。

3. 重命名路径

双击"路径"控制面板中的路径名，出现重命名路径文本框，改名后按 Enter 键即可，效果如图 9-108 所示。

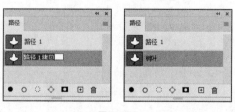

图 9-108

9.3.5　选区和路径的转换

在"路径"控制面板中，可以将选区和路径相互转换。下面具体讲解将选区和路径相互转换的方法和技巧。

1. 将选区转换成路径

将选区转换成路径有以下两种方法。

- 使用"路径"控制面板菜单。建立选区，效果如图 9-109 所示。单击"路径"控制面板右上方的≡图标，在菜单中选择"建立工作路径"命令，弹出"建立工作路径"对话框，如图 9-110 所示。在对话框中，"容差"选项用于设定转换时的误差允许范围，数值越小越精确，路径上的关键点也越多。如果要编辑生成的路径，在此处设定的数值最好为 2.0，设置完成后，

单击"确定"按钮，便将选区转换成路径了，效果如图 9-111 所示。

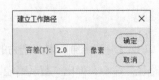

图 9-109   图 9-110   图 9-111

● 使用"路径"控制面板按钮。单击"路径"控制面板中的"从选区生成工作路径"按钮 ◇，将选区转换成路径。

2. 将路径转换成选区

将路径转换成选区有以下两种方法。

● 使用"路径"控制面板菜单。建立路径，效果如图 9-112 所示。单击"路径"控制面板右上方的 ≣ 图标，在菜单中选择"建立选区"命令，弹出"建立选区"对话框，如图 9-113 所示。

在"渲染"选项组中，"羽化半径"选项用于设定羽化边缘的数值，"消除锯齿"选项用于消除边缘的锯齿。在"操作"选项组中，"新建选区"选项用于由路径创建一个新的选区，"添加到选区"选项用于将由路径创建的选区添加到当前选区中，"从选区中减去"选项用于从一个已有的选区中减去当前由路径创建的选区，"与选区交叉"选项用于在路径中保留路径与选区的重复部分。

设置完成后，单击"确定"按钮，将路径转换成选区，效果如图 9-114 所示。

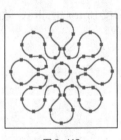

图 9-112   图 9-113   图 9-114

● 使用"路径"控制面板按钮。单击"路径"控制面板中的"将路径作为选区载入"按钮 ○，将路径转换成选区。

9.3.6 用前景色填充路径

用前景色填充路径有以下两种方法。

● 使用"路径"控制面板菜单。建立路径，效果如图 9-115 所示。单击"路径"控制面板右上方的 ≣ 图标，在菜单中选择"填充路径"命令，弹出"填充路径"对话框，如图 9-116 所示。

在对话框中，"内容"选项用于设定使用的填充颜色或图案，"模式"选项用于设定混合模式，"不透明度"选项用于设定填充的不透明度，"保留透明区域"选项用于保护图像中的透明区域，"羽化半径"选项用于设定柔化边缘的数值，"消除锯齿"选项用于消除边缘的锯齿。

设置完成后，单击"确定"按钮，用前景色填充路径的效果如图 9-117 所示。

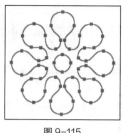

图 9-115

图 9-116

图 9-117

- 使用"路径"控制面板按钮或快捷键。单击"路径"控制面板中的"用前景色填充路径"按钮 ●，即可实现用前景色填充路径。按住 Alt 键，单击"路径"控制面板中的"用前景色填充路径"按钮 ●，弹出"填充路径"对话框。

9.3.7 用画笔描边路径

用画笔描边路径有以下两种方法。

- 使用"路径"控制面板菜单。建立路径，效果如图 9-118 所示。单击"路径"控制面板右上方的 ☰ 图标，在菜单中选择"描边路径"命令，弹出"描边路径"对话框，如图 9-119 所示。在"工具"下拉列表框中选择"画笔"选项。如果在当前工具箱中已经选择"画笔"工具 ✐，则该工具会自动地设置在此处。另外，在"画笔"工具属性栏中设定的画笔类型也会直接影响此处的描边效果，对"画笔"工具属性栏进行图 9-120 所示设置。设置好后，单击"确定"按钮，用画笔描边路径的效果如图 9-121 所示。

图 9-118

图 9-119

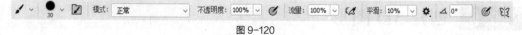

图 9-120

图 9-121

提示　如果在对路径进行描边时没有取消对路径的选定，则描边路径改为描边子路径，即只对选中的子路径进行描边。

● 使用"路径"控制面板按钮或快捷键。单击"路径"控制面板中的"用画笔描边路径"按钮
〇，即可实现用画笔描边路径。按住 Alt 键，单击"路径"控制面板中的"用画笔描边路径"
按钮 〇，弹出"描边路径"对话框。

9.3.8　剪贴路径

"剪贴路径"命令用于指定一个路径作为剪贴路径。

当在一个图像中定义了一个剪贴路径，并将这个图像在其他
软件中打开时，如果该软件同样支持剪贴路径，则路径以外的图
像将是透明的。单击"路径"控制面板右上方的 ▤ 图标，在菜
单中选择"剪贴路径"命令，弹出"剪贴路径"对话框，如图 9-122
所示。

图 9-122

在该对话框中，"路径"选项用于设定剪贴路径的路径名称，"展平度"选项用于压平或简化可能
因过于复杂而无法打印的路径。

9.3.9　路径面板选项

"面板选项"命令用于设定"路径"控制面板中缩览图的大小。

单击"路径"控制面板右上方的 ▤ 图标，在菜单中选择"面板选项"命令，弹出"路径面板选项"
对话框，选择不同的选项及各选项对应的效果如图 9-123 所示。

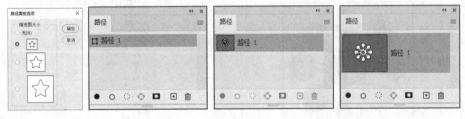

图 9-123

9.4　创建 3D 图形

在 Photoshop 2020 中可以将平面图层围绕各种形状进行预设，如将平面图层围绕立方体、球体、圆
柱体、锥形或金字塔形等创建 3D 模型。只有将平面图层变为 3D 图层，才能使用 3D 工具和命令。

打开一幅图像，如图 9-124 所示。选择"3D > 从图层新建网格 > 网格预设"命令，弹出图 9-125
所示的子菜单，选择需要的命令可创建不同的 3D 模型。

选择各命令创建出的 3D 模型如图 9-126 所示。

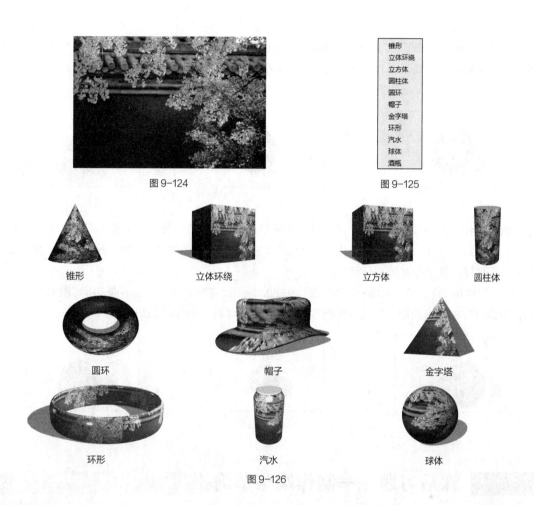

图 9-124

图 9-125

锥形　　　　立体环绕　　　　立方体　　　　圆柱体

圆环　　　　帽子　　　　金字塔

环形　　　　汽水　　　　球体

图 9-126

9.5　使用 3D 工具

　　在 Photoshop 2020 中使用 3D 对象工具可更改 3D 模型的位置或大小，使用 3D 相机工具可更改场景视图。下面将具体介绍这两种工具的使用方法。

　　使用 3D 对象工具可以旋转、缩放或调整模型位置。当操作 3D 模型时，相机视图保持固定。

　　打开一张包含 3D 模型的图片，如图 9-127 所示。选中 3D 图层，选择"环绕移动 3D 相机"工具，图像窗口中的鼠标指针变为图标，上下拖曳可将模型围绕其 x 轴旋转，效果如图 9-128 所示；左右拖曳可将模型围绕其 y 轴旋转，效果如图 9-129 所示。按住 Alt 键的同时进行拖曳可滚动模型。

图 9-127

图 9-128

图 9-129

　　选择"滚动 3D 相机"工具，图像窗口中的鼠标指针变为图标，左右拖曳可使模型绕 z 轴旋转，效果如图 9-130 所示。

选择"平移 3D 相机"工具 ✛，图像窗口中的鼠标指针变为图标 ✛，左右拖曳可沿水平方向移动模型，效果如图 9-131 所示；上下拖曳可沿垂直方向移动模型，效果如图 9-132 所示。按住 Alt 键的同时进行拖曳可沿 x/z 轴方向移动模型。

图 9-130

图 9-131

图 9-132

选择"滑动 3D 相机"工具 ✛，图像窗口中的鼠标指针变为图标 ✛，左右拖曳可沿水平方向移动模型，效果如图 9-133 所示；上下拖曳可将模型移近或移远，效果如图 9-134 所示。按住 Alt 键的同时进行拖移可沿 x/y 轴方向移动模型。

选择"变焦 3D 相机"工具 📷，图像窗口中的鼠标指针变为图标 ↕，上下拖曳可将模型放大或缩小，效果如图 9-135 所示。按住 Alt 键的同时进行拖曳可沿 z 轴方向缩放模型。

图 9-133

图 9-134

图 9-135

课后习题——制作端午节海报

【习题知识要点】使用"快速选择"工具抠出粽子，使用"污点修复画笔"工具和"仿制图章"工具处理斑点和牙签，使用"变换"命令使粽子图形变形，使用"色彩范围"命令抠出云，使用"钢笔"工具抠出龙舟，使用"椭圆选框"工具抠出豆子，使用"创建新的填充或调整图层"按钮调整图像颜色。最终效果如图 9-136 所示。

图 9-136

制作端午节海报

【效果文件位置】云盘\Ch09\效果\制作端午节海报.psd。

第 10 章
通道的应用

一个善用 Photoshop 的专业人士，必定精通通道的使用。本章将详细讲解通道的概念和操作方法。读者通过学习本章，应能合理地利用通道设计制作作品，使自己的设计作品水平更上一层楼。

课堂学习目标

- ✓ 了解通道的含义
- ✓ 掌握"通道"控制面板的操作方法
- ✓ 掌握通道的操作
- ✓ 掌握通道的运算和蒙版的应用

素养目标

- ✓ 培养学生精益求精的工作作风
- ✓ 提升学生对健康的关注

10.1　通道的含义

Photoshop 2020 中的"通道"控制面板中显示的颜色通道与所打开的图像文件的格式有关。RGB 模式的图像文件包含红、绿和蓝 3 个颜色通道，如图 10-1 所示；CMYK 模式的图像文件则包含青色、洋红、黄色和黑色 4 个颜色通道，如图 10-2 所示。此外，在进行图像编辑时，新创建的通道称为 Alpha 通道。通道存储的是选区，而不是图像的色彩。利用 Alpha 通道，可以做出许多独特的效果。

图 10-1

图 10-2

如果想在图像窗口中单独显示各颜色通道的图像效果，可以按键盘上的快捷键。以 CMYK 模式文件为例，按 Ctrl+3 组合键，将显示青色通道的图像；按 Ctrl+4 组合键、Ctrl+5 组合键、Ctrl+6 组合键，将分别显示洋红、黄色、黑色通道的图像，效果如图 10-3 所示；按 Ctrl+2 组合键，将恢复显示 4 个通道的综合图像效果。

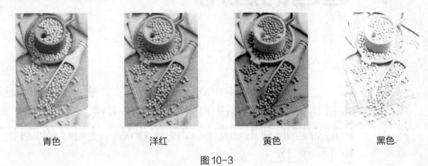

青色   洋红   黄色   黑色

图 10-3

10.2　通道控制面板

"通道"控制面板可以用于管理所有的通道并对通道进行编辑。选择一幅图像，选择"窗口 > 通道"命令，弹出"通道"控制面板，如图 10-4 所示。

在"通道"控制面板中，放置区用于存放当前图像中存在的所有通道。在通道放置区中，如果选中的只是其中一个通道，则只有此通道处于选中状态，此时该通道上会出现一个灰色条；如果想选中多个通道，可以按住 Shift 键，再单击其他通道。通道左边的眼睛图标 ◉ 用于打开或关闭显示颜色通道。

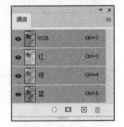

图 10-4

单击"通道"控制面板右上方的 ▤ 图标，弹出其菜单，如图 10-5 所示。

在"通道"控制面板的底部有 4 个工具按钮，从左到右依次为"将通道作为选区载入"按钮 ◉ 、"将选区存储为通道"按钮 ▣ 、"创建新通道"按钮 ⊞ 和"删除当前通道"按钮 ▥ ，如图 10-6 所示。

"将通道作为选区载入"按钮 ◉ 用于将通道中的选区调出；"将选区存储为通道"按钮 ▣ 用于将选区存入通道中，并可在后面调出来制作一些特殊效果；"创建新通道"按钮 ⊞ 用于创建或复制一个新的通道，此时建立的通道即 Alpha 通道，单击该工具按钮，即可创建一个新的 Alpha 通道；"删除当前通道"按钮 ▥ 用于删除图像中的通道，将通道直接拖曳到"删除当前通道"按钮 ▥ 上，即可删除通道。

图 10-5

图 10-6

10.3　通道的操作

可以通过对图像的通道进行一系列的操作来编辑图像。

10.3.1 创建新通道

在编辑图像的过程中，可以建立新的通道，还可以在新建的通道
中对图像进行编辑。新建通道有以下两种方法。

图 10-7

- 使用"通道"控制面板菜单。单击"通道"控制面板右上方
  的≡图标，在菜单中选择"新建通道"命令，弹出"新建通道"
  对话框，如图 10-7 所示。"名称"选项用于设定当前通道的名
  称，"色彩指示"选项组用于选择两种区域方式，"颜色"选项
  用于设定新通道的颜色，"不透明度"选项用于设定当前通道的
  不透明度。单击"确定"按钮，"通道"控制面板中会建好一个
  新通道，即"Alpha 1"通道，效果如图 10-8 所示。

- 使用"通道"控制面板按钮。单击"通道"控制面板中的"创
  建新通道"按钮，即可创建一个新通道。

图 10-8

10.3.2 复制通道

"复制通道"命令用于对现有的通道进行复制，产生多个相同属性的通
道。复制通道有以下两种方法。

- 使用"通道"控制面板菜单。单击"通道"控制面板右上方
  的≡图标，在菜单中选择"复制通道"命令，弹出"复制通
  道"对话框，如图 10-9 所示。"为"选项用于设定复制通道
  的名称；"文档"选项用于设定复制通道的文件来源。

图 10-9

- 使用"通道"控制面板按钮。将"通道"控制面板中需要复制的通道拖曳到下方的"创建新通
  道"按钮上，即可将所选的通道复制为一个新通道。

10.3.3 删除通道

对于不用的或废弃的通道可以将其删除，以免影响操作。删除通道有以下两种方法。
- 使用"通道"控制面板菜单。单击"通道"控制面板右上方的≡图标，在菜单中选择"删除
  通道"命令。

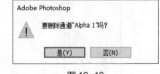

- 使用"通道"控制面板按钮。单击"通道"控制面板中的"删
  除当前通道"按钮，弹出提示对话框，如图 10-10 所示，
  单击"是"按钮，将通道删除。将需要删除的通道拖曳到"删
  除当前通道"按钮上，也可以将其删除。

图 10-10

10.3.4 专色通道

专色通道是指在 C、M、Y、K 四色以外单独制作的一个通道，用来放置金色、银色或者一些特
别要求的专色。

1. 新建专色通道

单击"通道"控制面板右上方的≡图标，在菜单中选择"新建专色通道"命令，弹出"新建专色通道"
对话框，如图 10-11 所示。

图 10-11

在"新建专色通道"对话框中，"名称"文本框用于输入新通道的名称；"颜色"选项用于设定特别的颜色；"密度"文本框用于输入特别色的显示透明度，数值为 0～100%。

2. 制作专色通道

单击"通道"控制面板中新建的专色通道。选择"画笔"工具，在"画笔"工具属性栏中进行设定，如图 10-12 所示。在图像中合适的位置进行绘制，如图 10-13 所示。

图 10-12　　　　　　　　　　　　　　　　　　　图 10-13

> **提示**　前景色为黑色，绘制时的专色是完全的。前景色为其他中间色，绘制时的专色是不同透明度的特别色。前景色为白色，绘制时的专色是没有的。

3. 将新通道转换为专色通道

单击"通道"控制面板中的"Alpha 1"通道，如图 10-14 所示。单击"通道"控制面板右上方的图标，在菜单中选择"通道选项"命令，弹出"通道选项"对话框，选中"专色"单选项，其他选项按图 10-15 所示进行设定。单击"确定"按钮，将"Alpha 1"通道转换为专色通道，效果如图 10-16 所示。

图 10-14　　　　　　　　图 10-15　　　　　　　　图 10-16

4. 合并专色通道

单击"通道"控制面板中新建的专色通道，如图 10-17 所示。单击"通道"控制面板右上方的图标，在菜单中选择"合并专色通道"命令，将专色通道合并，效果如图 10-18 所示。

图 10-17

图 10-18

10.3.5　通道选项

"通道选项"命令用于设定 Alpha 通道。单击"通道"控制面板右上方的 ≡ 图标，在菜单中选择"通道选项"命令，弹出"通道选项"对话框，如图 10-19 所示。

在"通道选项"对话框中，"名称"选项用于命名通道；"色彩指示"选项组用于设定通道中蒙版的显示方式，其中，"被蒙版区域"选项表示蒙版区为深色显示、非蒙版区为透明显示，"所选区域"选项表示蒙版区为透明显示、非蒙版区为深色显示，"专色"选项表示以专色显示；"颜色"选项用于设定填充蒙版的颜色；"不透明度"选项用于设定蒙版的不透明度。

图 10-19

10.3.6　分离与合并通道

"分离通道"命令用于把图像的每个通道拆分为独立的图像文件。"合并通道"命令可以将多个灰度图像合并为一幅图像。

单击"通道"控制面板右上方的 ≡ 图标，在菜单中选择"分离通道"命令，将图像中的每个通道分离成各自独立的 8 bit 灰度图像。分离前后的效果如图 10-20 所示。

单击"通道"控制面板右上方的 ≡ 图标，在菜单中选择"合并通道"命令，弹出"合并通道"对话框，如图 10-21 所示。

在"合并通道"对话框中，"模式"选项用于设定 RGB 模式、CMYK 模式、Lab 模式或多通道模式；"通道"选项用于设定生成图像的通道数目，一般采用系统的默认设定值。

图 10-20

在"合并通道"对话框中选择"RGB 模式"，单击"确定"按钮，弹出"合并 RGB 通道"对话框，如图 10-22 所示。在该对话框中，可以在选定的色彩模式中为每个通道指定一幅灰度图像，被指定的图像可以是同一幅图像，也可以是不同的图像，但这些图像的大小必须是相同的。在合并之前，所有要合并的图像都必须是打开的，尺寸要绝对一样，而且一定要为灰度图像，单击"确定"按钮，效果如图 10-23 所示。

图 10-21

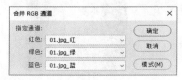

图 10-22

图 10-23

10.3.7 课堂案例——制作婚纱摄影类公众号运营海报

【案例学习目标】学习使用"通道"控制面板抠出婚纱。

【案例知识要点】使用"钢笔"工具绘制选区，使用"色阶"命令调整图片，使用"通道"控制
面板和"计算"命令抠出婚纱。最终效果如图 10-24 所示。

制作婚纱摄影类
公众号运营海报

图 10-24

【效果文件位置】

云盘\Ch10\效果\制作婚纱摄影类公众号运营海报.psd。

（1）打开 Photoshop 2020，按 Ctrl+O 组合键，打开云盘"Ch10 > 素材 > 制作婚纱摄影类
公众号运营海报 > 01"文件，如图 10-25 所示。

（2）选择"钢笔"工具 ，将其属性栏中的"选择工具模式"选项设为"路径"，沿着人物的轮
廓绘制路径，绘制时要避开半透明的婚纱，效果如图 10-26 所示。

（3）按 Ctrl+Enter 组合键，将路径转换为选区，效果如图 10-27 所示。单击"通道"控制面板下方
的"将选区存储为通道"按钮 ，将选区存储为通道，如图 10-28 所示。按 Ctrl+D 组合键，取消选区。

图 10-25　　　　　　图 10-26　　　　　　图 10-27　　　　　　图 10-28

（4）将"红"通道拖曳到"通道"控制面板下方的"创建新通道"按钮 上，复制通道，如图 10-29
所示。选择"钢笔"工具 ，在图像窗口中绘制路径，效果如图 10-30 所示。按 Ctrl+Enter 组合键，将
路径转换为选区，效果如图 10-31 所示。

图 10-29　　　　　　图 10-30　　　　　　图 10-31

（5）将前景色设为黑色。按 Alt+Delete 组合键，用前景色填充选区。按 Ctrl+D 组合键，取消选区，效果如图 10-32 所示。选择"图像 > 计算"命令，在弹出的对话框中进行设置，如图 10-33 所示。单击"确定"按钮，得到新的通道图像，效果如图 10-34 所示。

图 10-32   图 10-33   图 10-34

（6）选择"图像 > 调整 > 色阶"命令，在弹出的对话框中进行设置，如图 10-35 所示。单击"确定"按钮，效果如图 10-36 所示。按住 Ctrl 键的同时，单击"Alpha2"通道的缩览图，如图 10-37 所示，载入婚纱选区，效果如图 10-38 所示。

图 10-35   图 10-36   图 10-37   图 10-38

（7）单击"RGB"通道，显示彩色图像。单击"图层"控制面板下方的"添加图层蒙版"按钮 ▢ ，添加图层蒙版，如图 10-39 所示，抠出婚纱图像，效果如图 10-40 所示。

（8）按 Ctrl+N 组合键，弹出"新建文档"对话框。设置宽度为 750 像素，高度为 1181 像素，分辨率为 72 像素/英寸，色彩模式为 RGB 模式，背景色为蓝灰色（143、153、165），单击"创建"按钮，新建一个文件。

（9）选择"移动"工具 ✛ ，将抠出的婚纱图像拖曳到新建图像窗口中适当的位置，并调整大小，效果如图 10-41 所示，在"图层"控制面板中会生成新的图层并将其命名为"婚纱照"。

图 10-39   图 10-40   图 10-41

（10）按 Ctrl+L 组合键，弹出"色阶"对话框，选项的设置如图 10-42 所示。单击"确定"按钮，图像效果如图 10-43 所示。

（11）按 Ctrl+O 组合键，打开云盘"Ch10 > 素材 > 制作婚纱摄影类公众号运营海报 > 02"文件。

选择"移动"工具 ⊕ ，将"02"图片拖曳到新建图像窗口中适当的位置，效果如图 10-44 所示，在"图层"控制面板中会生成新的图层并将其命名为"文字"。至此，婚纱摄影类公众号运营海报制作完成。

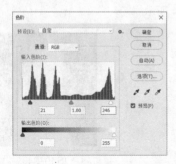

图 10-42

图 10-43

图 10-44

10.4　通道蒙版

使用通道蒙版是一种更方便、快捷和灵活地选择图像区域的方法。在实际应用中，颜色相近的图像区域的选择、羽化选区操作及抠图处理等工作使用蒙版完成将会更加便捷。

10.4.1　快速蒙版的制作

使用"快速蒙版"命令可以使图像快速地进入蒙版编辑状态。

图 10-45

打开一幅图像，如图 10-45 所示。选择"魔棒"工具 ，在"魔棒"工具属性栏中进行设定，如图 10-46 所示。按住 Shift 键，"魔棒"工具图标旁出现"+"号，连续单击选择背景区域，效果如图 10-47 所示，按 Shift+Ctrl+I 组合键，反选选区，效果如图 10-48 所示。

图 10-46

图 10-47

图 10-48

单击工具箱下方的"以快速蒙版模式编辑"按钮 ，使图像进入蒙版状态，选区框暂时消失，图像的未选择区域变为红色，如图 10-49 所示。"通道"控制面板将自动生成"快速蒙版"通道，如图 10-50 所示。快速蒙版图像如图 10-51 所示。

提示

系统预设蒙版颜色为半透明的红色。

图 10-49

图 10-50

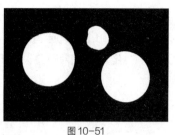
图 10-51

使用"画笔"工具 ✐，在"画笔"工具属性栏中进行设定，如图 10-52 所示。将快速蒙版中的木桩形成区域绘制成黑色，效果如图 10-53 所示。

图 10-52

图 10-53

双击"快速蒙版"通道，弹出"快速蒙版选项"对话框，可对快速蒙版进行设定。在该对话框中选中"被蒙版区域"选项，如图 10-54 所示。单击"确定"按钮，对所选区域创建蒙版，效果如图 10-55 所示。

图 10-54

图 10-55

在"快速蒙版选项"对话框中选择"所选区域"选项，如图 10-56 所示。单击"确定"按钮，对所选区域创建蒙版，效果如图 10-57 所示。

图 10-56

图 10-57

10.4.2　在 Alpha 通道中存储蒙版

可以将编辑好的蒙版保存到 Alpha 通道中。下面将具体讲解存储蒙版的方法。

使用"魔棒"工具 ✐，在图像中绘制选区，效果如图 10-58 所示。

选择"选择 > 存储选区"命令，弹出"存储选区"对话框，按图 10-59 所示进行设定，单击"确定"按钮，建立通道蒙版"木盆"。或选择"通道"控制面板中的"将选区存储为通道"按钮 ▣，建立通道蒙版"木盆"，效果如图 10-60 所示。

图 10-58

图 10-59   图 10-60

将图像保存，再次打开图像时，选择"选择 > 载入选区"命令，弹出"载入选区"对话框，按图 10-61 所示进行设定。单击"确定"按钮，将通道蒙版"木盆"的选区载入，或选择"通道"控制面板中的"将通道作为选区载入"按钮 ○，将通道蒙版"木盆"作为选区载入，效果如图 10-62 所示。

图 10-61   图 10-62

10.5 通道运算

使用通道运算可以按照各种合成方式合成单个或几个通道中的图像内容。通道运算的图像尺寸必须一致。

10.5.1 应用图像

"应用图像"命令用于计算处理通道内的图像，使图像混合产生特殊效果。选择"图像 > 应用图像"命令，弹出"应用图像"对话框，如图 10-63 所示。

在对话框中，"源"选项用于设定源文件；"图层"选项用于设定源文件的层；"通道"选项用于设定源通道；"反相"选项用于在处理前先反转通道内的内容；"目标"选项用于显示出目标文件的文件名、层、通道及色彩模式等信息；"混合"选项用于设定混色模式，即选择两个通道对应像素的计算方法；"不透明度"选项用于设定图像的不透明度；"蒙版"选项用于加入蒙版以限定选区。

图 10-63

提示

"应用图像"命令要求源文件与目标文件的尺寸必须相同，因为参加计算的两个通道内的像素是一一对应的。

打开两幅图像，选择"图像 > 图像大小"命令，弹出"图像大小"对话框。将两幅图像设置为相同的尺寸，设置好后，单击"确定"按钮，效果分别如图 10-64 和图 10-65 所示。

图 10-64

图 10-65

在两幅图像的"通道"控制面板中分别建立通道蒙版，其中黑色表示遮住的区域。返回到两张图像的 RGB 通道，效果分别如图 10-66 和图 10-67 所示。

选择"03"文件，选择"图像 > 应用图像"命令，弹出"应用图像"对话框，如图 10-68 所示。

图 10-66

图 10-67

图 10-68

设置完成后，单击"确定"按钮，两幅图像混合后的效果如图 10-69 所示。在"应用图像"对话框中勾选"蒙版"复选框，弹出蒙版的其他选项，如图 10-70 所示。设置好后，单击"确定"按钮，两幅图像混合后的效果如图 10-71 所示。

图 10-69

图 10-70

图 10-71

10.5.2　课堂案例——制作女性健康公众号首页次图

【案例学习目标】学习使用"应用图像"命令合成图像。

【案例知识要点】使用"应用图像"命令制作合成图像。最终效果如图 10-72 所示。

【效果文件位置】云盘\Ch10\效果\制作女性健康公众号首页次图.psd。

（1）打开 Photoshop 2020，按 Ctrl+O 组合键，打开云盘中的"Ch10 > 素材 > 制作女性健康公众号首页次图 > 01、02"文件，分别如图 10-73 和图 10-74 所示。

制作女性健康公众号
首页次图

图 10-72　　　　　　　图 10-73　　　　　　　图 10-74

（2）选择"图像 > 应用图像"命令，在弹出的对话框中进行设置，如图 10-75 所示。单击"确定"按钮，效果如图 10-76 所示。

图 10-75　　　　　　　　　　　　　　　　图 10-76

（3）选择"图像 > 调整 > 曲线"命令，弹出对话框，在曲线上单击添加控制点，设置如图 10-77 所示。再次单击添加控制点，设置如图 10-78 所示。单击"确定"按钮，效果如图 10-79 所示。至此，女性健康公众号首页次图制作完成。

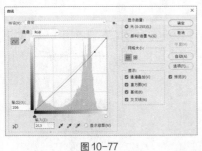

图 10-77　　　　　　　图 10-78　　　　　　　图 10-79

10.5.3　计算

"计算"命令用于计算处理两个通道内的相应内容，但主要用于合成单个通道的内容。

选择"图像 > 计算"命令，弹出"计算"对话框，如图 10-80 所示。

在"计算"对话框中，第 1 个选项组的"源 1"选项用于设定源文件 1，"图层"选项用于设定源文件 1 中的层，"通道"选项用于设定源文件 1 中的通道，"反相"选项用于反转；第 2 个选项组的"源 2""图层""通道"和"反相"选项用于设定源文件 2 的相应信息；第 3 个选项组的"混合"选项用于设定混色模式，"不透明度"选项用于设定不透明度；"结果"选项用于指定处理结果的存放位置。

图 10-80

　　尽管"计算"命令与"应用图像"命令一样，都是对两个通道的相应内容进行计算处理的命令，但是二者也有区别。用"应用图像"命令处理后的结果可作为源文件或目标文件使用；用"计算"命令处理后的结果则存成一个通道，如存成 Alpha 通道，使其可转变为选区以供其他工具使用。

　　在"计算"对话框中进行设置，如图 10-81 所示，单击"确定"按钮，两张图像通道运算后的新通道及图像效果如图 10-82 所示。

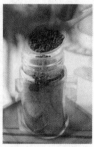

图 10-81　　　　　　　　　　　　　　　　图 10-82

课后习题——制作摄影摄像类公众号封面首图

　　【习题知识要点】使用"通道"控制面板调整图像颜色，使用"横排文字"工具添加宣传文字。最终效果如图 10-83 所示。

图 10-83

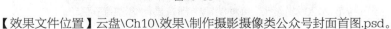

制作摄影摄像类
公众号封面首图

　　【效果文件位置】云盘\Ch10\效果\制作摄影摄像类公众号封面首图.psd。

第 11 章
滤镜效果

本章将详细介绍滤镜的功能和特效。读者通过学习本章，应了解并掌握滤镜的各项功能和特点，通过反复实践练习，制作出丰富多彩的图像效果。

课堂学习目标

- ✓ 了解滤镜菜单
- ✓ 了解滤镜与图像模式
- ✓ 掌握对滤镜效果的介绍和应用
- ✓ 掌握滤镜的使用技巧

素养目标

- ✓ 培养学生积极实践的精神
- ✓ 培养学生不畏困难的精神

11.1 滤镜菜单介绍

Photoshop 2020 的"滤镜"菜单提供多种滤镜，利用这些滤镜，可以制作出奇妙的图像效果。

单击"滤镜"菜单，弹出图 11-1 所示的下拉菜单。Photoshop 2020 "滤镜"菜单被分为 4 个部分，并已用横线划分开。

第 1 部分是最近一次使用的滤镜。当没有使用滤镜时，它是灰色的，不可以被选择；当使用过一种滤镜后，需要重复使用这种滤镜时，只要直接选择这种滤镜即可重复使用。

第 2 部分是转换为智能滤镜。单击此命令即可将普通滤镜转换为智能滤镜。

图 11-1

第 3 部分是 6 种 Photoshop 2020 滤镜。每种滤镜的功能都十分强大。

第 4 部分是 11 种 Photoshop 2020 滤镜组。每种滤镜中都有其他滤镜的子菜单。

11.2　滤镜与图像模式

当打开一幅图像，并对其使用滤镜时，必须了解图像模式和滤镜的关系。RGB 模式下可以使用 Photoshop 2020 中的任意一种滤镜。不能使用滤镜的图像模式有位图、16 位灰度图、索引颜色图和 48 位 RGB 图。在 CMYK 模式和 Lab 模式下，不能使用的滤镜有画笔描边、视频、素描、纹理和艺术效果等。

11.3　滤镜效果介绍

Photoshop 2020 的滤镜有着很强的艺术性和实用性，能制作出五彩缤纷的图像效果。下面将具体介绍各种滤镜的使用方法和应用效果。

11.3.1　滤镜库

滤镜库将常用滤镜组组合在一个面板中，以折叠菜单的方式显示，并为每一个滤镜提供直观的效果预览，使用十分方便。

打开一幅图像，如图 11-2 所示。选择"滤镜 > 滤镜库"命令，弹出滤镜库对话框。对话框中部为滤镜列表，每个滤镜组下面包含多个具有特色的滤镜，单击需要的滤镜组，可以浏览滤镜组中的各个滤镜及其效果，再从中选择需要的滤镜，如图 11-3 所示。

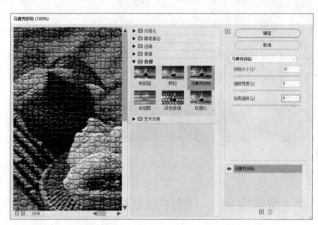

图 11-2　　　　　　　　　　　　　　　　　图 11-3

滤镜库对话框左侧为图像效果预览窗口，单击预览窗口下面的按钮 ，可以放大预览图像，百分比数值按钮中显示出放大图像的百分比数值。单击预览窗口下面的按钮 ，可以缩小预览图像，百分比数值按钮中显示出缩小图像的百分比数值。单击预览窗口下面的百分比数值按钮 100% ，弹出百分比数值列表，在该列表中可以选择需要的百分比数值来预览图像，如图 11-4 所示。还可以通过拖曳滚动条来观察放大后的图像。

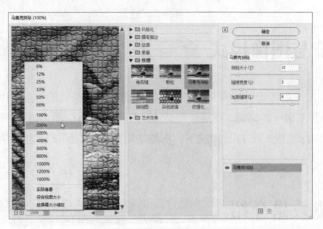

图 11-4

滤镜库对话框右侧中部为滤镜的设置区，单击滤镜下拉列表框 马赛克拼贴 [_____▽]，可以在下拉列表中选择需要的滤镜。在滤镜的设置区中，还可以设置选中滤镜的各项参数。

"新建效果图层"按钮 田 用于继续对图像应用上一次的滤镜效果。单击"删除效果图层"按钮 画，可以删除上一次应用的滤镜效果。

在对话框右侧上部，单击 🔼 按钮，可以将图像效果预览窗口最大化，如图 11-5 所示。在对话框中完成参数设置后，单击"确定"按钮，图像的滤镜效果如图 11-6 所示。

图 11-5

图 11-6

11.3.2 课堂案例——制作豆浆机广告

【案例学习目标】学习使用"滤镜库"命令制作豆浆机广告。

【案例知识要点】使用滤镜库中的"纹理化"命令为图片添加纹理效果，使用图层"混合模式"选项、"加深"工具、"减淡"工具合成图片，使用"横排文字"工具添加宣传信息。最终效果如图 11-7 所示。

制作豆浆机广告

【效果文件位置】云盘\Ch11\效果\制作豆浆机广告.psd。

（1）打开 Photoshop 2020，按 Ctrl+O 组合键，打开云盘中的"Ch11 > 素材 > 制作豆浆机广告 > 01"文件，如图 11-8 所示。

（2）选择"滤镜 > 滤镜库"命令，在弹出的对话框中进行设置，如图 11-9 所示。单击"确定"
按钮，效果如图 11-10 所示。

  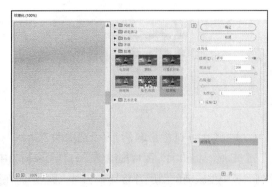

图 11-7　　　　　　　　图 11-8　　　　　　　　　　　　　　图 11-9

（3）按 Ctrl + O 组合键，打开云盘中的"Ch11 > 素材 > 制作豆浆机广告 > 02"文件。选择"移
动"工具 ⊕，将"02"图片拖曳到"01"图像窗口中适当的位置，效果如图 11-11 所示，在"图层"
控制面板中生成新的图层并将其命名为"图片"。在控制面板上方，将"图片"图层的"混合模式"
选项设为"正片叠底"，如图 11-12 所示，效果如图 11-13 所示。

图 11-10　　　　　　图 11-11　　　　　　　图 11-12　　　　　　　图 11-13

（4）按 Ctrl + O 组合键，打开云盘中的"Ch11 > 素材 > 制作豆浆机广告 > 03"文件。选择"移
动"工具 ⊕，将"03"图片拖曳到"01"图像窗口中适当的位置，效果如图 11-14 所示，在"图层"
控制面板中生成新的图层并将其命名为"杯子"。

（5）选择"加深"工具 ◉，在其属性栏中单击"画笔预设"选项右侧的 按钮，弹出画笔选择面
板，设置如图 11-15 所示。在图像窗口中涂抹调暗饮品和杯子的暗部，效果如图 11-16 所示。

图 11-14　　　　　　　图 11-15　　　　　　　　图 11-16

（6）选择"减淡"工具 ◉，在其属性栏中单击"画笔"选项右侧的 按钮，弹出画笔选择面板，
设置如图 11-17 所示。在图像窗口中涂抹调亮饮品和杯子的亮部，效果如图 11-18 所示。

图 11-17

图 11-18

（7）按 Ctrl+O 组合键，打开云盘中的"Ch11 > 素材 > 制作豆浆机广告 > 04"文件。选择"移动"工具 ，将"04"图片拖曳到"01"图像窗口中适当的位置，效果如图 11-19 所示，在"图层"控制面板中生成新的图层并将其命名为"黄豆"。在控制面板上方，将"黄豆"图层的"混合模式"选项设为"线性加深"，如图 11-20 所示，效果如图 11-21 所示。

图 11-19

图 11-20

图 11-21

（8）按 Ctrl+O 组合键，打开云盘中的"Ch11 > 素材 > 制作豆浆机广告 > 05"文件。选择"移动"工具 ，将"05"图片拖曳到"01"图像窗口中适当的位置，效果如图 11-22 所示，在"图层"控制面板中生成新的图层并将其命名为"豆浆机"。

（9）选择"横排文字"工具 ，输入需要的文字并选中文字，在其属性栏中选择合适的字体并设置文字大小，设置文字颜色为白色，效果如图 11-23 所示，在"图层"控制面板中生成新的文字图层。

（10）按 Ctrl+T 组合键，在文字周围出现变换框，在变换框中单击鼠标右键，在弹出的菜单中选择"斜切"命令，拖曳控制手柄调整图像，按 Enter 键确定操作，效果如图 11-24 所示。使用相同方法制作其他文字，效果如图 11-25 所示。

图 11-22

图 11-23

图 11-24

图 11-25

（11）选择"横排文字"工具 ，输入需要的文字并选中文字，在其属性栏中选择合适的字体并设置文字大小，设置文字颜色为褐色（82、18、1），效果如图 11-26 所示，在"图层"控制面板中生成新的文字图层。

（12）选择"椭圆"工具 ○，将其属性栏的"选择工具模式"选项设为"形状"，将"填充"颜色设为褐色（82、18、1），"描边"颜色设为无。按住 Shift 键的同时，在图像窗口中适当的位置绘制圆形，效果如图 11-27 所示，在"图层"控制面板中生成新的形状图层"椭圆 1"。

（13）选择"路径选择"工具 ▶，按住 Alt+Shift 组合键的同时，向下拖曳圆形到适当的位置，复制圆形，效果如图 11-28 所示。使用相同的方法复制多个圆形，效果如图 11-29 所示。

图 11-26	图 11-27	图 11-28	图 11-29

（14）选择"横排文字"工具 T，分别输入需要的文字并选中文字，在其属性栏中分别选择合适的字体并设置文字大小，设置文字颜色为褐色（82、18、1），效果如图 11-30 所示，在"图层"控制面板中分别生成新的文字图层。

（15）按 Ctrl＋O 组合键，打开云盘中的"Ch11 > 素材 > 制作豆浆机广告 > 06"文件。选择"移动"工具 ✛，将"06"图像拖曳到"01"图像窗口中适当的位置，效果如图 11-31 所示，在"图层"控制面板中生成新的图层并将其命名为"标志"。至此，豆浆机广告制作完成。

图 11-30	图 11-31

11.3.3　"自适应广角"滤镜

"自适应广角"滤镜是 Photoshop 2020 中的一项新功能，可以利用它对具有对广角、超广角及鱼眼效果的图片进行校正。

打开一幅图像，如图 11-32 所示。选择"滤镜 > 自适应广角"命令，弹出图 11-33 所示的对话框。

图 11-32

在对话框左侧的图片上需要调整的位置拖曳一条直线，如图 11-34 所示。再将直线中间的节点向下拖曳到适当的位置，图片中的地面自动调整为平直的形态，如图 11-35 所示，其他各选项的设置如图 11-36 所示，单击"确定"按钮，图像调整后的效果如图 11-37 所示。

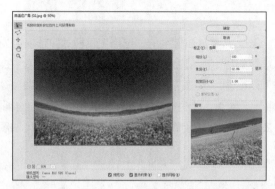

图 11-33

图 11-34

图 11-35

图 11-36

图 11-37

11.3.4 "Camera Raw"滤镜

"Camera Raw"滤镜是 Photoshop 2020 中专门用于处理相机照片的命令，可以用来对图像的基本、色调曲线、细节、HSL 调整/黑白混合、分离色调、镜头校正等进行调整。

打开一幅图像，如图 11-38 所示。选择"滤镜 > Camera Raw 滤镜"命令，弹出对话框，如图 11-39 所示。

在对话框左侧的上方是编辑照片的工具，中间为图像预览框，下方为窗口缩放级别和视图显示方式。右侧上方为直方图和拍摄信息，下方为 9 个图像编辑选项卡。

图 11-38

图 11-39

- "基本"选项卡：可以对图像的白平衡、曝光、对比度、高光、阴影、清晰度和饱和度进行调整。
- "色调曲线"选项卡：可以对图像的高光、亮调、暗调和阴影进行微调。
- "细节"选项卡：可以对图像进行锐化、减少杂色处理。
- "HSL 调整/黑白混合"选项卡：可以对图像的色相、饱和度和明亮度进行调整，或者调整图像的灰度。
- "分离色调"选项卡：可以调整图像的高光和阴影。
- "镜头校正"选项卡：可以校正镜头缺陷，补偿相机镜头造成的扭曲度、去边和晕影。
- "效果"选项卡：可以为图像添加颗粒和裁剪后晕影制作特效。
- "校准"选项卡：可以自动对某类图像进行校正。
- "预设"选项卡：可以存储调整的预设以应用到其他图像中。

在对话框中进行设置，如图 11-40 所示。单击"确定"按钮，效果如图 11-41 所示。

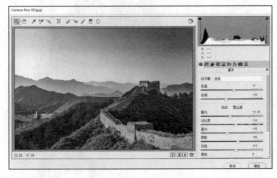

图 11-40

图 11-41

11.3.5 "镜头校正"滤镜

"镜头校正"滤镜可以用来处理常见的镜头瑕疵，如桶形失真、枕形失真、晕影和色差等，也可以用来旋转图像，或修复由于相机在垂直或水平方向上倾斜而导致的图像错视现象。

打开一幅图像，如图 11-42 所示。选择"滤镜 > 镜头校正"命令，弹出图 11-43 所示的对话框。

单击"自定"选项卡，设置如图 11-44 所示。单击"确定"按钮，图像效果如图 11-45 所示。

图 11-42

图 11-43

图 11-44

图 11-45

11.3.6 "液化"滤镜

使用"液化"滤镜可以制作出各种类似"液化"的图像变形效果。

打开一幅图像，如图 11-46 所示。选择"滤镜 > 液化"命令，或按 Shift+Ctrl+X 组合键，弹出"液化"对话框，如图 11-47 所示。

对话框内左侧的工具由上到下分别为"向前变形"工具 、"重建"工具 、"平滑"工具 ，"顺时针旋转扭曲"工具 、"褶皱"工具 、"膨胀"工具 、"左推"工具 、"冻结蒙版"工具 、"解冻蒙版"工具 、"脸部"工具 、"抓手"工具 和"缩放"工具 。

图 11-46

在画笔工具选项组中，"大小"选项用于设定所选工具的笔触大小；"浓度"选项用于设定画笔的浓密度；"压力"选项用于设定画笔的压力，压力越小，变形的过程越慢；"速率"选项用于设定画笔的绘制速度；"光笔压力"选项用于设定压感笔的压力。

图 11-47

在人脸识别液化组中，"眼睛"选项组用于设定眼睛的大小、高度、宽度、斜度和距离。"鼻子"选项组用于设定鼻子的高度和宽度。"嘴唇"选项组用于设定微笑、上嘴唇、下嘴唇、嘴唇的宽度和高度。"脸部形状"选项组用于设定脸部的前额、下巴高度、下颌和脸部宽度。

在载入网格选项组中，可以载入、使用和存储网格。

在蒙版选项组中，可以选择通道蒙版的形式。选择"无"按钮，可以移去所有冻结区域；选择"全部蒙住"按钮，可以冻结整个图像；选择"全部反相"按钮，可以反相所有冻结区域。

在视图选项组中，勾选"显示图像"复选框，可以在预览中显示图像；勾选"显示网格"复选框，可以在预览中显示网格，"网格大小"选项用于设置网格的大小，"网格颜色"选项用于设置网格的颜色；勾选"显示蒙版"复选框，可以在预览中显示冻结蒙版，"蒙版颜色"选项用于设置蒙版的颜色；勾选"显示背景"复选框，在"使用"下拉列表框中可以选择图层，在"模式"下拉列表框中可以选择不同的模式，"不透明度"选项用于设置不透明度。

在画笔重建选项组中，"重建"按钮用于重建所有拉丝区域，"恢复全部"按钮用于移去所有拉丝区域。

在对话框中对图像脸部进行变形，如图 11-48 所示。单击"确定"按钮，完成图像的液化变形，效果如图 11-49 所示。

图 11-48

图 11-49

11.3.7 课堂案例——制作美妆护肤类公众号封面首图

【案例学习目标】学习使用"液化"滤镜命令制作出需要的效果。

【案例知识要点】使用"液化"滤镜命令中的"脸部"工具、"向前变形"工具、"膨胀"工具调整脸型，使用"移动"工具添加素材。最终效果如图 11-50 所示。

制作美妆护肤类
公众号封面首图

图 11-50

【效果文件位置】云盘\Ch11\效果\制作美妆护肤类公众号封面首图.psd。

（1）打开 Photoshop 2020，按 Ctrl+N 组合键，弹出"新建文档"对话框。设置宽度为 1175 像素，高度为 500 像素，分辨率为 72 像素/英寸，色彩模式为 RGB 模式，背景色为粉色（255、211、214），单击"创建"按钮，新建一个文件。

（2）按 Ctrl+O 组合键，打开云盘中的"Ch11 > 素材 > 制作美妆护肤类公众号封面首图 > 01"文件，如图 11-51 所示。将"背景"图层拖曳到控制面板下方的"创建新图层"按钮 ⊡ 上进行复制，生成新的图层"背景 拷贝"，如图 11-52 所示。

（3）选择"滤镜 > 液化"命令，弹出"液化"对话框，选择"脸部"工具 ⚇，在预览窗口中拖曳调整脸部宽度，如图 11-53 所示。

（4）选择"向前变形"工具 ⚇，将"画笔大小"选项设为 100，"画笔压力"选项设为 100，在预览窗口中拖曳调整头顶和右侧头发的大小，如图 11-54 所示。

图 11-51   图 11-52   图 11-53

（5）选择"膨胀"工具 ⚇，将"画笔大小"选项设为 200，在预览窗口中拖曳调整左右两侧发髻的大小，如图 11-55 所示。单击"确定"按钮，效果如图 11-56 所示。

图 11-54

图 11-55

图 11-56

（6）选择"移动"工具 ⊕，将"01"图像拖曳到新建的图像窗口中适当的位置并调整大小，效果如图 11-57 所示，在"图层"控制面板中生成新的图层并将其命名为"人物"。

图 11-57

（7）单击"图层"控制面板下方的"添加图层蒙版"按钮 ⊡，为"人物"图层添加蒙版。选择"渐变"工具 ▦，单击其属性栏中的"点按可编辑渐变"按钮 ▭ ⌄，弹出"渐变编辑器"对话框。将渐变色设为从黑色到白色，如图 11-58 所示，单击"确定"按钮。在图像窗口中从左向右拖曳渐变色，效果如图 11-59 所示。

（8）按 Ctrl+O 组合键，打开云盘中的"Ch11 > 素材 > 制作美妆护肤类公众号封面首图 > 02、03"文件。选择"移动"工具 ⊕，将"02"和"03"图片分别拖曳到新建的图像窗口中适当的位置，效果如图 11-60 所示，在"图层"控制面板中生成新的图层并将其分别命名为"文字"和"化妆品"。至此，美妆护肤类公众号封面首图制作完成。

图 11-58

图 11-59

图 11-60

11.3.8　"消失点"滤镜

应用"消失点"滤镜，可以制作建筑物或任何矩形对象的透视效果。

选中图像中的建筑物，生成选区，效果如图 11-61 所示。按 Ctrl+C 组合键复制选区中的图像，取消选区。选择"滤镜 > 消失点"命令，弹出"消失点"对话框。在对话框的左侧选中"创建平面工具"按钮 ⊞，在图像中单击定义 4 个角的节点，如图 11-62 所示。节点之间会自动连接成为透视平面，如图 11-63 所示。

图 11-61

图 11-62

按 Ctrl+V 组合键将刚才复制过的图像粘贴到对话框中，如图 11-64 所示。将粘贴的图像拖曳到透视平面中，如图 11-65 所示。

图 11-63

图 11-64

按住 Alt 键的同时，复制并向上拖曳建筑物，如图 11-66 所示。用相同的方法，再复制建筑物两次，如图 11-67 所示。单击"确定"按钮，建筑物的透视变形效果如图 11-68 所示。

图 11-65

图 11-66

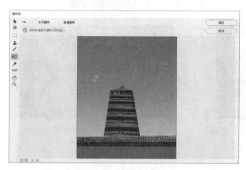

图 11-67

图 11-68

在"消失点"对话框中，透视平面显示为蓝色时为有效的平面；显示为红色时为无效的平面，无法计算平面的长宽比，也无法拉出垂直平面；显示为黄色时也为无效的平面，无法解析平面的所有消失点，效果如图 11-69 所示。

蓝色透视平面

红色透视平面

图 11-69

黄色透视平面

11.3.9 "3D"滤镜组

"3D"滤镜组用于生成效果更好的凹凸图和法线图。"3D"滤镜组中各种滤镜效果如图 11-70 所示。

"生成凹凸（高度）图"滤镜

"生成法线图"滤镜

图 11-70

11.3.10　"风格化"滤镜组

　　"风格化"滤镜组用于产生印象派以及其他风格画派作品的效果，它是由完全模拟真实艺术手法进行创作的。"风格化"滤镜组中各种滤镜效果如图 11-71 所示。

"查找边缘"滤镜　　　　　"等高线"滤镜　　　　　　"风"滤镜　　　　　"浮雕效果"滤镜

"扩散"滤镜　　　　"拼贴"滤镜 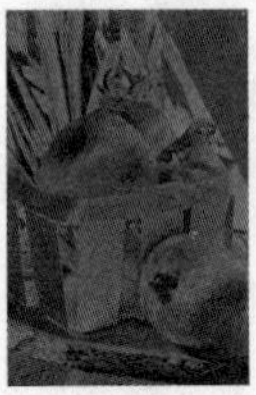　　　　"曝光过度"滤镜　　　　"凸出"滤镜　　　　"油画"滤镜

图 11-71

11.3.11　"模糊"滤镜组

　　"模糊"滤镜组可以用于使图像中过于清晰或对比度过于强烈的区域产生模糊效果。此外，它也可用于制作柔和阴影。"模糊"滤镜组中各种滤镜效果如图 11-72 所示。

"表面模糊"滤镜　　　　　"动感模糊"滤镜　　　　　"方框模糊"滤镜　　　　　"高斯模糊"滤镜

"进一步模糊"滤镜 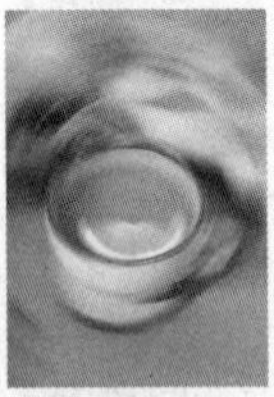　　　　"径向模糊"滤镜　　　　　"镜头模糊"滤镜　　　　　"模糊"滤镜

"特殊模糊"滤镜　　　　　"形状模糊"滤镜

图 11-72

11.3.12　课堂案例——制作彩妆网店详情页主图

【案例学习目标】学习使用"扭曲"命令、"风格化"命令和"模糊"命令制作粒子光。

【案例知识要点】使用"填充"命令和"添加图层样式"按钮制作背景色，使用"椭圆选框"工具、"描边"命令、"极坐标"滤镜、"风"滤镜和"用画笔描边路径"按钮制作粒子光。最终效果如图 11-73 所示。

制作彩妆网店
详情页主图

图 11-73

【效果文件位置】云盘\Ch11\效果\制作彩妆网店详情页主图.psd。

（1）打开 Photoshop 2020，按 Ctrl+N 组合键，弹出"新建文档"对话框。设置宽度为 800 像素，高度为 800 像素，分辨率为 72 像素/英寸，色彩模式为 RGB 模式，背景色为白色，单击"创建"按钮，新建一个文件。

（2）新建图层并将其命名为"背景色"。将前景色设为红色（211、0、0），按 Alt+Delete 组合键，用前景色填充图层，效果如图 11-74 所示。

（3）单击"图层"控制面板下方的"添加图层样式"按钮 *fx*，在弹出的菜单中选择"内阴影"命令，弹出对话框，将阴影颜色设为黑色，其他选项的设置如图 11-75 所示。单击"确定"按钮，效果如图 11-76 所示。

图 11-74　　　　　　　　　　　　图 11-75　　　　　　　　　　　　图 11-76

（4）新建图层并将其命名为"外光圈"。选择"椭圆选框"工具 ◯，按住 Shift 键的同时，在图像窗口中拖曳绘制圆形选区，如图 11-77 所示。选择"编辑 > 描边"命令，弹出"描边"对话框，将描边颜色设为白色，其他选项的设置如图 11-78 所示，单击"确定"按钮。按 Ctrl+D 组合键，取消选区，效果如图 11-79 所示。

图 11-77　　　　　　　　　图 11-78　　　　　　　　　图 11-79

（5）选择"滤镜 > 扭曲 > 极坐标"命令，在弹出的对话框中进行设置，如图 11-80 所示，单击"确定"按钮，效果如图 11-81 所示。选择"图像 > 图像旋转 > 逆时针 90 度"命令，旋转图像，效果如图 11-82 所示。

图 11-80　　　　　　　　　图 11-81　　　　　　　　　图 11-82

（6）选择"滤镜 > 风格化 > 风"命令，在弹出的对话框中进行设置，如图 11-83 所示，单击"确定"按钮，效果如图 11-84 所示。按 Alt+Ctrl+F 组合键，重复使用"风"滤镜，效果如图 11-85 所示。

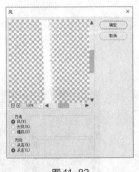

图 11-83　　　　　　　　　图 11-84　　　　　　　　　图 11-85

（7）选择"图像>图像旋转>顺时针 90 度"命令，效果如图 11-86 所示。选择"滤镜>扭曲>极坐标"命令，在弹出的对话框中进行设置，如图 11-87 所示。单击"确定"按钮，效果如图 11-88 所示。

（8）按住 Ctrl 键的同时，单击"图层"控制面板下方的"创建新图层"按钮 回，在"外光圈"图层下方新建图层，并将其命名为"内光圈"。选择"椭圆选框"工具 ○，将其属性栏中的"羽化"选项设为 6 像素，按住 Shift 键的同时，在适当的位置绘制一个圆形。将前景色设为白色，按 Alt+Delete 组合键，用前景色填充图层，效果如图 11-89 所示。

图 11-86

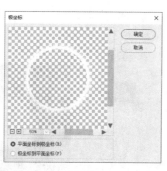
图 11-87

图 11-88

（9）选择"滤镜 > 模糊 > 径向模糊"命令，在弹出的对话框中进行设置，如图 11-90 所示。单击"确定"按钮，效果如图 11-91 所示。

图 11-89

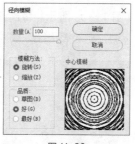
图 11-90

图 11-91

（10）在"图层"控制面板中，按住 Shift 键的同时，单击"外光圈"图层，将需要的图层同时选中。按 Ctrl+E 组合键，合并图层并将其命名为"光"，如图 11-92 所示。

（11）单击"图层"控制面板下方的"添加图层样式"按钮 fx ，在弹出的菜单中选择"内发光"命令，弹出对话框，将发光颜色设为黄色（235、233、182），其他选项的设置如图 11-93 所示。选择"外发光"选项，将发光颜色设为红色（255、0、0），其他选项的设置如图 11-94 所示。单击"确定"按钮，效果如图 11-95 所示。

图 11-92

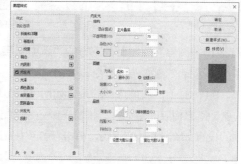
图 11-93

（12）新建图层并将其命名为"外发光"。选择"椭圆"工具 ○ ，将其属性栏中的"选择工具模式"选项设为"路径"。按住 Shift 键的同时，在适当的位置绘制一个圆形路径，效果如图 11-96 所示。

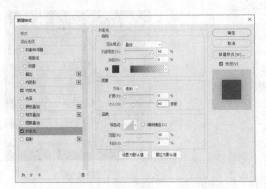

图 11-94　　　　　　　　　　　　　　图 11-95　　　　　　　　　　　　图 11-96

（13）选择"画笔"工具 ，在其属性栏中单击"切换'画笔设置'面板"按钮 ，在弹出的控制面板中选择"画笔笔尖形状"选项，设置如图 11-97 所示。选择"形状动态"选项，设置如图 11-98 所示。

（14）选择"散布"选项，设置如图 11-99 所示。单击"路径"面板下方的"用画笔描边路径"按钮 ，对路径进行描边。按 Delete 键，删除该路径，效果如图 11-100 所示。

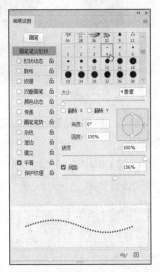

图 11-97　　　　　　　　　　　　　图 11-98　　　　　　　　　　　　图 11-99

（15）单击"图层"控制面板下方的"添加图层样式"按钮 ，在弹出的菜单中选择"内发光"命令，弹出对话框，将发光颜色设为橘红色（25、94、31），其他选项的设置如图 11-101 所示。选择"外发光"选项，弹出相应的对话框，将发光颜色设为红色（255、0、6），其他选项的设置如图 11-102 所示。单击"确定"按钮，效果如图 11-103所示。

图 11-100

（16）按 Ctrl+J 组合键，复制图层，生成图层"外发光 拷贝"。按 Ctrl+T 组合键，在图像周围出现变换框，按住 Alt 键的同时，拖曳右上角的控制手柄等比例缩小图形。按 Enter 键确定操作，效果如图 11-104所示。

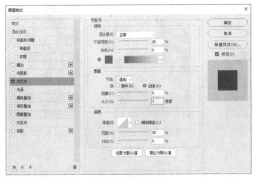 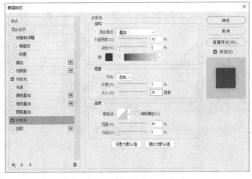

图 11-101 图 11-102

（17）用相同的方法复制多个图层并分别等比例缩小图形，效果如图 11-105 所示。在"图层"控制面板中，按住 Shift 键的同时，单击"外发光 拷贝 2"图层，将需要的图层同时选中。按 Ctrl+E 组合键，合并图层并将其命名为"内光"，如图 11-106 所示。

图 11-103 图 11-104 图 11-105 图 11-106

（18）按 Ctrl+J 组合键，复制"内光"图层。选择"滤镜 > 模糊 > 高斯模糊"命令，在弹出的对话框中进行设置，如图 11-107 所示。单击"确定"按钮，效果如图 11-108 所示。

（19）按 Ctrl+O 组合键，打开云盘中的"Ch11 > 素材 > 制作彩妆网店详情页主图 > 01、02"文件，选择"移动"工具 ，分别将"01"和"02"图片拖曳到新建图像窗口中适当的位置，效果如图 11-109 所示，在"图层"控制面板中生成新的图层并将其命名为"化妆品"和"文字"。至此，彩妆网店详情页主图制作完成。

图 11-107 图 11-108 图 11-109

11.3.13 "模糊画廊"滤镜组

"模糊画廊"滤镜组可以用于使用图钉或路径来控制图像，制作模糊效果。"模糊画廊"滤镜组中各种滤镜效果如图 11-110 所示。

"场景模糊"滤镜

"光圈模糊"滤镜

"移轴模糊"滤镜

"路径模糊"滤镜

"旋转模糊"滤镜

图 11-110

11.3.14　"扭曲"滤镜组

"扭曲"滤镜组可以用于生成一组从波纹图像到扭曲图像的变形效果。"扭曲"滤镜组中各种滤镜效果如图 11-111 所示。

"波浪"滤镜　　"波纹"滤镜　　"极坐标"滤镜　　"挤压"滤镜　　"切变"滤镜

"球面化"滤镜

"水波"滤镜

"旋转扭曲"滤镜

"置换"滤镜

图 11-111

11.3.15　"锐化"滤镜组

"锐化"滤镜组可以用于通过生成更大的对比度来使图像清晰化，并增强处理图像的轮廓。使用此组滤镜可减少图像修改后产生的模糊效果。"锐化"滤镜组中各种滤镜效果如图 11-112 所示。

"USM 锐化"滤镜

"防抖"滤镜

"进一步锐化"滤镜

图 11-112

"锐化"滤镜

"锐化边缘"滤镜

"智能锐化"滤镜

图 11-112（续）

11.3.16　课堂案例——制作文化传媒类公众号封面首图

【案例学习目标】学习使用"像素化"命令和"渲染"命令制作公众号封面首图。

【案例知识要点】使用"彩色半调"滤镜制作网点图像，使用"高斯模糊"滤镜和图层"混合模式"选项调整图像效果，使用"镜头光晕"滤镜添加光晕。最终效果如图 11-113 所示。

图 11-113

制作文化传媒类
公众号封面首图

【效果文件位置】云盘\Ch11\效果\制作文化传媒类公众号封面首图.psd。

（1）打开 Photoshop 2020，按 Ctrl+O 组合键，打开云盘中的"Ch11 > 素材 > 制作文化传媒类公众号封面首图> 01"文件，如图 11-114 所示。按 Ctrl+J 组合键，复制图层，如图 11-115 所示。

（2）选择"滤镜 > 像素化 > 彩色半调"命令，在弹出的对话框中进行设置，如图 11-116 所示。单击"确定"按钮，效果如图 11-117 所示。

图 11-114

图 11-115

图 11-116

图 11-117

（3）选择"滤镜 > 模糊 > 高斯模糊"命令，在弹出的对话框中进行设置，如图 11-118 所示。单击"确定"按钮，效果如图 11-119 所示。

图 11-118

图 11-119

（4）在"图层"控制面板上方，将该图层的"混合模式"选项设为"正片叠底"，如图 11-120 所示，图像效果如图 11-121 所示。

（5）选择"背景"图层。按 Ctrl+J 组合键，复制"背景"图层，生成新的图层并拖曳到"图层 1"的上方，如图 11-122 所示。

图 11-120

图 11-121

图 11-122

（6）按 D 键，恢复默认前景色和背景色。选择"滤镜 > 滤镜库"命令，在弹出的对话框中进行设置，如图 11-123 所示。单击"确定"按钮，效果如图 11-124 所示。

图 11-123

图 11-124

（7）选择"滤镜 > 渲染 > 镜头光晕"命令，在弹出的对话框中进行设置，如图 11-125 所示。单击"确定"按钮，效果如图 11-126 所示。

图 11-125

图 11-126

（8）在"图层"控制面板上方，将"背景 拷贝"图层的"混合模式"选项设为"强光"，如图 11-127 所示，图像效果如图 11-128 所示。

图 11-127

图 11-128

（9）选择"背景"图层。按 Ctrl+J 组合键，复制"背景"图层，生成新的图层"背景 拷贝 2"。按住 Shift 键的同时，选择"背景 拷贝"图层和"背景 拷贝 2"图层之间的所有图层。按 Ctrl+E 组合键，合并图层并将其命名为"效果"，如图 11-129 所示。

（10）按 Ctrl＋N 组合键，弹出"新建文档"对话框，设置宽度为 1175 像素，高度为 500 像素，分辨率为 72 像素/英寸，色彩模式为 RGB 模式，背景色为白色，单击"创建"按钮，新建一个文件。选择"01"图像窗口中的"效果"图层。选择"移动"工具，将图像拖曳到新建图像窗口中适当的位置，效果如图 11-130 所示，在"图层"控制面板中生成新的图层，如图 11-131 所示。

图 11-129

图 11-130

（11）按 Ctrl+O 组合键，打开云盘中的"Ch11 > 素材 > 制作文化传媒类公众号封面首图>02"文件。选择"移动"工具，将"02"图片拖曳到新建图像窗口中适当的位置，效果如图 11-132 所示，在"图层"控制面板中生成新的图层并将其命名为"文字"。至此，文化传媒类公众号封面首图制作完成。

图 11-131

图 11-132

11.3.17 "视频"滤镜组

"视频"滤镜组属于 Photoshop 2020 的外部接口程序。它是一组控制视频工具的滤镜，用来从摄像机输入图像或将图像输出到录像带上。

11.3.18 "像素化"滤镜组

"像素化"滤镜组可以用来将图像分块或将图像平面化。"像素化"滤镜组中各种滤镜效果如图 11-133 所示。

"彩块化"滤镜

"彩色半调"滤镜

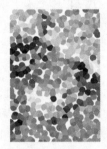

"点状化"滤镜

"晶格化"滤镜

"马赛克"滤镜

"碎片"滤镜

"铜版雕刻"滤镜

图 11-133

11.3.19 课堂案例——制作家用电器类公众号封面首图

【案例学习目标】学习使用"杂色"命令为图像添加杂色。

【案例知识要点】使用"添加杂色"滤镜为图片添加杂色效果，使用"移动"工具添加素材图片，使用"不透明度"选项降低图片透明度，使用"投影"命令为图片添加阴影。最终效果如图 11-134 所示。

图 11-134

制作家用电器类
公众号封面首图

【效果文件位置】云盘\Ch11\效果\制作家用电器类公众号封面首图.psd。

（1）打开 Photoshop 2020，按 Ctrl+N 组合键，弹出"新建文档"对话框。设置宽度为 900 像素，高度为 383 像素，分辨率为 72 像素/英寸，色彩模式为 RGB 模式，背景色为白色，单击"创建"按钮，新建一个文件。新建图层并将其命名为"橙色"。将前景色设为橙色（253、101、20），按 Alt+Delete 组合键，用前景色填充"橙色"图层，效果如图 11-135 所示。

（2）选择"滤镜 > 杂色 > 添加杂色"命令，在弹出的对话框中进行设置，如图 11-136 所示。单击"确定"按钮，效果如图 11-137 所示。

图 11-135　　　　　图 11-136　　　　　图 11-137

（3）按 Ctrl+O 组合键，打开云盘中的"Ch11 > 素材 > 制作家用电器类公众号封面首图 > 01、02"文件。选择"移动"工具，分别将"01""02"图片拖曳到新建的图像窗口中适当的位置，效果如图 11-138 所示，在"图层"控制面板中生成新的图层并分别将其命名为"装饰条""装饰圆"，如图 11-139 所示。

图 11-138　　　　　　　　　　图 11-139

（4）在"图层"控制面板上方，将"装饰圆"图层的"不透明度"选项设为 45%，如图 11-140 所示，图像效果如图 11-141 所示。

（5）按 Ctrl+O 组合键，打开云盘中的"Ch11 > 素材 > 制作家用电器类公众号封面首图 > 03"文件。选择"移动"工具 ⊕,，将"03"图片拖曳到新建的图像窗口中适当的位置，效果如图 11-142 所示，在"图层"控制面板中生成新的图层并将其命名为"电饭煲"。

图 11-140　　　　　　　　　　　图 11-141　　　　　　　　　　　图 11-142

（6）单击"图层"控制面板下方的"添加图层样式"按钮 fx，在弹出的菜单中选择"投影"命令，在弹出的对话框中进行设置，如图 11-143 所示。单击"确定"按钮，效果如图 11-144 所示。

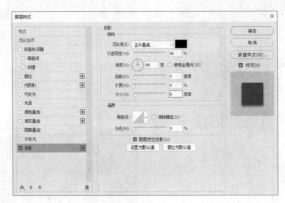 

图 11-143　　　　　　　　　　　　　　　图 11-144

（7）按 Ctrl+O 组合键，打开云盘中的"Ch11 > 素材 > 制作家用电器类公众号封面首图 > 04"文件。选择"移动"工具 ⊕,，将"04"图片拖曳到新建图像窗口中适当的位置，效果如图 11-145 所示，在"图层"控制面板中生成新的图层并将其命名为"文字"。至此，家用电器公众号封面首图制作完成。

图 11-145

11.3.20　"渲染"滤镜组

使用"渲染"滤镜组可以在图片中产生照明的效果，可以产生不同的光源效果和夜景效果等。"渲染"滤镜组中各种滤镜效果如图 11-146 所示。

"火焰"滤镜

"图片框"滤镜

"树"滤镜

"分层云彩"滤镜

"光照效果"滤镜

"镜头光晕"滤镜

"纤维"滤镜

"云彩"滤镜

图 11-146

11.3.21　"杂色"滤镜组

"杂色"滤镜组可以用来混合干扰，制作出着色像素图案的纹理。"杂色"滤镜组中各种滤镜效果如图 11-147 所示。

"减少杂色"滤镜

"蒙尘与划痕"滤镜

"去斑"滤镜

图 11-147

"添加杂色"滤镜

"中间值"滤镜

11.3.22　"其他"滤镜组

"其他"滤镜组不同于其他分类的滤镜。在此滤镜特效中，用户可以创建自己的特殊效果滤镜。"其他"滤镜组中各种滤镜效果如图 11-148 所示。

"HSB/HSL"滤镜

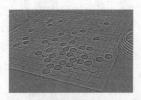

"高反差保留"滤镜

"位移"滤镜

"自定"滤镜

"最大值"滤镜

图 11-148

"最小值"滤镜

11.4　滤镜使用技巧

掌握滤镜的使用技巧，有利于快速、准确地使用滤镜为图像添加不同的效果。

11.4.1　重复使用滤镜

如果在使用一次滤镜后，效果不理想，可以重复使用滤镜，方法是直接按 Alt+Ctrl+F 组合键。
重复使用"动感模糊"滤镜的不同效果如图 11-149 所示。

图 11-149

11.4.2　对通道使用滤镜

如果分别对图像的各个通道使用滤镜，结果和对图像使用滤镜的
效果是一样的。对图像的单独通道使用滤镜，可以得到一种较好的效
果。对图像的单独通道使用滤镜前、后得到的效果如图 11-150 所示
（分别对图像的红、绿、蓝通道使用"径向模糊"滤镜）。

图 11-150

11.4.3　对图像局部使用滤镜

对图像局部使用滤镜，是常用的处理图像的方法。首先对图像的局部进行选取，如图 11-151 所
示。然后对图像的局部使用"扭曲"滤镜组中的"旋转扭曲"滤镜，得到的效果如图 11-152 所示。

如果对选区进行羽化后再使用滤镜，就可以得到与原图融为一体的效果，"羽化选区"对话框设
置如图 11-153 所示。单击"确定"按钮，图像效果如图 11-154 所示。

图 11-151　　　　　图 11-152　　　　　　　　　图 11-153　　　　　　　　　图 11-154

11.4.4　对滤镜效果进行调整

对图像使用"滤镜 > 扭曲 > 波纹"命令后，效果如图 11-155 所示。按 Ctrl+Shift+F 组合

键，弹出图 11-156 所示的"渐隐"对话框，调整"不透明度"的数值并选择"模式"选项，使滤镜效果产生变化。单击"确定"按钮，图像效果如图 11-157 所示。

<table>
<tr><td>图 11-155</td><td>图 11-156</td><td>图 11-157</td></tr>
</table>

11.4.5　转换为智能滤镜

在应用常用滤镜后就不能再改变滤镜命令中的数值。智能滤镜是针对智能对象使用的、可以调节滤镜效果的一种应用模式。

选中要应用滤镜的图层，如图 11-158 所示。选择"滤镜 > 转换为智能滤镜"命令，弹出提示对话框，如图 11-159 所示。单击"确定"按钮，将普通图层转换为智能对象图层，"图层"控制面板如图 11-160 所示。

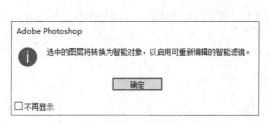

<table>
<tr><td>图 11-158</td><td>图 11-159</td><td>图 11-160</td></tr>
</table>

选择"滤镜 > 扭曲 > 波纹"命令，为图像添加波纹效果，此图层的下方显示出滤镜名称，如图 11-161 所示。

双击"图层"控制面板中要修改参数的滤镜名称，在弹出的相应对话框中重新设置参数即可。双击滤镜名称右侧的"双击以编辑滤镜混合选项"图标，弹出混合选项对话框，在对话框中可以设置滤镜效果的模式和不透明度，如图 11-162 所示。

<table>
<tr><td>图 11-161</td><td>图 11-162</td></tr>
</table>

课后习题——制作夏至节气宣传海报

【习题知识要点】使用"移动"工具添加素材图片，使用"高斯模糊"滤镜为图片添加模糊效果，使用"矩形选框"工具、"滤镜库"命令中的"纹理"滤镜和"载入纹理"命令为图片添加玻璃效果，使用图层"混合模式"选项、"不透明度"选项制作图片融合效果。最终效果如图 11-163 所示。

制作夏至节气
宣传海报

图 11-163

【效果文件位置】云盘\Ch11\效果\制作夏至节气宣传海报.psd。

第 12 章
动作的制作

在"动作"控制面板中，Photoshop 2020 提供多种动作命令，应用这些动作命令，可以快捷地制作出多种实用的图像效果。本章将详细讲解记录并应用动作命令的方法和技巧。读者通过学习本章，应熟练掌握动作命令的应用方法和操作技巧，并能够根据设计任务的需要自建动作命令，提高图像编辑的效率。

课堂学习目标

- ✔ 了解"动作"控制面板并掌握动作命令的应用技巧
- ✔ 掌握创建动作的方法

素养目标

- ✔ 培养学生活学活用的能力
- ✔ 加深学生对中华传统文化的热爱

12.1　动作控制面板

"动作"控制面板可以用来对一批需要进行相同处理的图像执行批处理操作，以减少重复操作的麻烦。

选择"窗口 > 动作"命令，或按 Alt+F9 组合键，弹出图 12-1 所示的"动作"控制面板。

在"动作"控制面板中，①用于切换当前默认动作组下的所有命令的状态；②用于切换此动作中所有对话框的状态；③为折叠命令清单按钮；④为展开命令清单按钮。下方的按钮由左至右依次为"停止播放/记录"按钮 ▪、"开始记录"按钮 ●、"播放选定的动作"按钮 ▶、"创建新组"按钮 ⊞、"创建新动作"按钮 ◙ 和"删除"按钮 🗑。

单击"动作"控制面板右上方的 ≡ 图标，弹出菜单，如图 12-2 所示。其中常用命令的功能如下。

- "按钮模式"命令：用于设置"动作"控制面板的显示方式，可以选择以列表显示或以按钮方式显示，以列表显示的效果如图 12-3 所示。

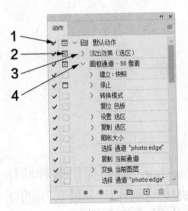

图 12-1　　　　　　　图 12-2　　　　　　　图 12-3

- "新建动作"命令：用于新建动作并开始录制新的动作。
- "新建组"命令：用于新建序列设置。
- "复制"命令：用于复制"动作"控制面板中的当前动作，使其成为新的动作。
- "删除"命令：用于删除"动作"控制面板中高亮显示的动作。
- "播放"命令：用于执行"动作"控制面板中所记录的操作步骤。
- "开始记录"命令：用于开始录制新的动作。
- "再次记录"命令：用于重新录制"动作"控制面板中的当前动作。
- "插入菜单项目"命令：用于在当前的"动作"控制面板中插入菜单选项，在执行动作时此菜单选项将被执行。
- "插入停止"命令：用于在当前的"动作"控制面板中插入断点，在执行动作遇到此命令时将弹出一个对话框，用于确定是否继续进行。
- "插入条件"命令：用于在当前的"动作"控制面板中插入条件。
- "插入路径"命令：用于在当前的"动作"控制面板中插入路径。
- "动作选项"命令：用于设置当前的动作选项。
- "回放选项"命令：用于设置动作执行的性能，单击此命令，弹出图 12-4 所示的"回放选项"对话框。在对话框中，"加速"选项用于快速地按顺序执行"动作"控制面板中的动作命令；"逐步"选项用于逐步地执行"动作"控制面板中的动作命令；"暂停"选项用于设定执行两条动作命令间的延迟秒数。

图 12-4

- "允许工具记录"命令：用于记录当前使用的工具。
- "清除全部动作"命令：用于清除"动作"控制面板中的所有动作。
- "复位动作"命令：用于恢复"动作"控制面板的初始化状态。
- "载入动作"命令：用于从硬盘中载入已保存的动作文件。
- "替换动作"命令：用于从硬盘中载入并替换当前的动作文件。
- "存储动作"命令：用于保存当前的动作。

"命令"以下都是配置的动作。

"动作"控制面板的应用提供灵活、便捷的工作方式,只需建立好自己的动作,然后将千篇一律的工作交给它去完成即可。在建立动作之前,首先应选用"清除全部动作"命令清除或保存已有的动作,然后选用"新建动作"命令并在弹出的对话框中输入相关的参数,最后单击"确定"按钮。

12.2 记录并应用动作

在"动作"控制面板中,可以非常便捷地记录并应用动作。

打开一幅图像,如图 12-5 所示。在"动作"控制面板的菜单中选择"新建动作"命令,弹出"新建动作"对话框,按图 12-6 所示进行设定。单击"记录"按钮,在"动作"控制面板中出现"动作 1",如图 12-7 所示。

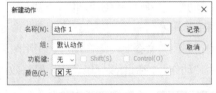

图 12-5   图 12-6   图 12-7

在"图层"控制面板中新建"图层 1",如图 12-8 所示,在"动作"控制面板中记录下了新建"图层 1"的动作,如图 12-9 所示。

在"图层 1"中绘制出渐变效果,效果如图 12-10 所示。在"动作"控制面板中记录下了绘制渐变效果的动作,如图 12-11 所示。

图 12-8   图 12-9   图 12-10   图 12-11

将"图层"控制面板中的"混合模式"选项设为"颜色加深",如图 12-12 所示。在"动作"控制面板中记录下了设定混合模式的动作,如图 12-13 所示。

对图像的编辑完成,效果如图 12-14 所示,在"动作"控制面板菜单中选择"停止记录"命令,对"动作 1"的记录即完成,如图 12-15 所示。

图 12-12   图 12-13   图 12-14   图 12-15

图像的编辑过程被记录在"动作 1"中,"动作 1"中的编辑过程可以被应用到其他的图像中。

打开一幅图像，如图 12-16 所示。在"动作"控制面板中选择"动作 1"，如图 12-17 所示。单击"播放选定的动作"按钮 ▶，图像的编辑过程和效果就是刚才编辑图像时的编辑过程和效果，最终效果如图 12-18 所示。

图 12-16　　　　　　　　　　　图 12-17　　　　　　　　　　　图 12-18

12.2.1　课堂案例——制作文化类公众号封面首图

【案例学习目标】学习使用"动作"控制面板创建动作。

【案例知识要点】使用"色相/饱和度"命令、"亮度/对比度"命令和"照片滤镜"命令调整图像颜色，使用"合并图层"命令和"阈值"命令制作黑白图片，使用图层的"混合模式"选项和"不透明度"选项制作特殊效果，使用"动作"控制面板记录动作。最终效果如图 12-19 所示。

图 12-19

制作文化类公众号
封面首图

【效果文件位置】云盘\Ch12\效果\制作文化类公众号封面首图.psd。

（1）打开 Photoshop 2020，按 Ctrl＋N 组合键，弹出"新建文档"对话框。设置宽度为 900 像素，高度为 383 像素，分辨率为 72 像素/英寸，色彩模式为 RGB 模式，背景色为白色，单击"创建"按钮，新建一个文件。

（2）按 Ctrl+O 组合键，打开云盘中的"Ch12 > 素材 > 制作文化类公众号封面首图 > 01"文件。选择"移动"工具 ✛，将"01"图片拖曳到新建图像窗口中适当的位置，并调整其大小，效果如图 12-20 所示，在"图层"控制面板中生成新的图层并将其命名为"图片"。

（3）选择"窗口 > 动作"命令，弹出"动作"控制面板，单击控制面板下方的"创建新动作"按钮 ▣，弹出"新建动作"对话框，如图 12-21 所示，单击"记录"按钮。

图 12-20

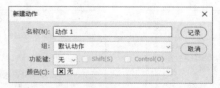

图 12-21

（4）单击"图层"控制面板下方的"创建新的填充或调整图层"按钮 ◕，在弹出的菜单中选择"色相/饱和度"命令，在"图层"控制面板中生成"色相/饱和度 1"图层，同时弹出"色相/饱和度"面板，选项的设置如图 12-22 所示。按 Enter 键确定操作，图像效果如图 12-23 所示。

图 12-22　　　　　　　　　　　　　　　　　　图 12-23

（5）单击"图层"控制面板下方的"创建新的填充或调整图层"按钮 ⊘，在弹出的菜单中选择"亮度/对比度"命令，在"图层"控制面板中生成"亮度/对比度 1"图层，同时弹出"亮度/对比度"面板，选项的设置如图 12-24 所示。按 Enter 键确定操作，图像效果如图 12-25 所示。

图 12-24　　　　　　　　　　　　　　　　　　图 12-25

（6）单击"图层"控制面板下方的"创建新的填充或调整图层"按钮 ⊘，在弹出的菜单中选择"照片滤镜"命令，在"图层"控制面板中生成"照片滤镜 1"图层，同时弹出"照片滤镜"面板，选项的设置如图 12-26 所示。按 Enter 键确定操作，图像效果如图 12-27 所示。

图 12-26　　　　　　　　　　　　　　　　　　图 12-27

（7）按 Alt+Shift+Ctrl+E 组合键，向下合并可见图层，生成新的图层并将其命名为"黑白"。选择"图像 > 调整 > 阈值"命令，在弹出的对话框中进行设置，如图 12-28 所示。单击"确定"按钮，效果如图 12-29 所示。

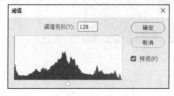

图 12-28　　　　　　　　　　　　　　　　　　图 12-29

（8）在"图层"控制面板上方，将"黑白"图层的"混合模式"选项设置为"柔光"，"不透明度"选项设置为50%，如图12-30所示。按Enter键确定操作，效果如图12-31所示。单击"动作"控制面板下方的"停止播放/记录"按钮 ▪ ，停止动作的录制。

图12-30

图12-31

（9）按Ctrl+O组合键，打开云盘中的"Ch12 > 素材 > 制作文化类公众号封面首图 > 02"文件。选择"移动"工具 ⊕ ，将"02"图片拖曳到图像窗口中适当的位置，效果如图12-32所示，在"图层"控制面板中生成新图层并将其命名为"文字"。至此，文化类公众号封面首图制作完成。

图12-32

12.2.2　课堂案例——制作影像艺术类公众号封面首图

【案例学习目标】学习使用"动作"控制面板中的"图像效果"命令制作出需要的效果。

【案例知识要点】使用"油彩蜡笔"命令、"矩形选框"工具、"变换选区"命令制作影像艺术类公众号封面首图。最终效果如图12-33所示。

制作影像艺术类
公众号封面首图

图12-33

【效果文件位置】云盘\Ch12\效果\制作影像艺术类公众号封面首图.psd。

（1）打开Photoshop 2020，按Ctrl+O组合键，打开云盘中的"Ch12 > 素材 > 制作影像艺术类公众号封面首图 > 01"文件，如图12-34所示。

图 12-34

（2）按 Alt+F9 组合键，弹出"动作"控制面板，如图 12-35 所示。单击面板右上方的 ≡ 图标，在弹出的菜单中选择"图像效果"命令，载入此动作组，"动作"控制面板如图 12-36 所示。

图 12-35

图 12-36

（3）展开"图像效果"组，选择"油彩蜡笔"动作命令，如图 12-37 所示。单击"播放选定的动作"按钮 ▶，Photoshop 会自动处理图像，图像效果如图 12-38 所示，在"图层"控制面板中生成新的图层，如图 12-39 所示。

图 12-37

图 12-38

图 12-39

（4）选择"矩形选框"工具 ▭，在图像窗口中拖曳绘制矩形选区，如图 12-40 所示。选择"选择 > 变换选区"命令，在选区周围出现控制手柄，如图 12-41 所示，按住 Ctrl+Shift 组合键的同时，拖曳右上角的控制手柄到适当的位置，如图 12-42 所示。选区变换完成后，按 Enter 键确定操作，效果如图 12-43 所示。

图 12-40

图 12-41

图 12-42

图 12-43

（5）按 Delete 键，删除当前选区中的图像，效果如图 12-44 所示，"图层"控制面板如图 12-45 所示。至此，影像艺术类公众号封面首图制作完成。

图 12-44

图 12-45

课后习题——制作阅读生活公众号封面次图

【习题知识要点】使用"动作"控制面板中的"油彩蜡笔"命令制作蜡笔效果。最终效果如图 12-46 所示。

图 12-46

制作阅读生活公众号
封面次图

【效果文件位置】云盘\Ch12\效果\制作阅读生活公众号封面次图.psd。

第13章
商业应用实战

本章通过多个图像处理案例和商业应用案例，进一步讲解 Photoshop 2020 各大功能的特色和使用技巧。读者通过学习本章，应能够综合掌握软件的应用技巧，制作出变化丰富的设计作品。

课堂学习目标

- ✔ 掌握软件基础知识的应用
- ✔ 了解 Photoshop 的常用设计领域
- ✔ 掌握 Photoshop 在不同设计领域的使用技巧

素养目标

- ✔ 培养学生的商业设计思维
- ✔ 培养学生学以致用的能力
- ✔ 加深学生对中华传统文化的热爱

13.1 图标设计——绘制时钟图标

【案例学习目标】学习使用多种路径绘制工具及"图层样式"命令绘制时钟图标。

【案例知识要点】使用"椭圆"工具、"减去顶层形状"命令和"添加图层样式"按钮绘制表盘，使用"圆角矩形"工具、"矩形"工具和"创建剪贴蒙版"命令绘制指针和刻度，使用"钢笔"工具、"图层"控制面板和"渐变"工具制作投影。最终效果如图 13-1 所示。

绘制时钟图标

图13-1

【效果文件位置】云盘\Ch13\效果\绘制时钟图标.psd。

课堂练习——绘制画板图标

【练习知识要点】使用"椭圆"工具、"添加图层样式"按钮绘制颜料盘，使用"钢笔"工具、"矩形"工具、"创建剪贴蒙版"命令和"投影"命令绘制画笔，使用"钢笔"工具、"图层"控制面板和"渐变"工具制作投影。最终效果如图 13-2 所示。

绘制画板图标

图 13-2

【效果文件位置】云盘\Ch13\效果\绘制画板图标.psd。

课后习题——绘制记事本图标

【习题知识要点】使用"椭圆"工具、"添加图层样式"按钮、"矩形"工具和"圆角矩形"工具绘制记事本，使用"矩形"工具、"属性"控制面板、"多边形"工具、"创建剪贴蒙版"命令和"投影"命令绘制铅笔，使用"钢笔"工具、"图层"控制面板和"渐变"工具制作投影。最终效果如图 13-3 所示。

绘制记事本图标

图 13-3

【效果文件位置】云盘\Ch13\效果\绘制记事本图标.psd。

13.2 Banner 设计——制作中式茶叶网站主页 Banner

【案例学习目标】学习使用"置入嵌入对象"命令、"创建新的填充或调整图层"命令、"添加图层样式"命令、"横排文字"工具和"圆角矩形"工具制作网站主页 Banner。

【案例知识要点】使用"置入嵌入对象"命令置入图片，使用"横排文字"工具添加文字，使用"矩形"工具、"圆角矩形"工具绘制基本形状，使用"曲线"命令、"色彩平衡"命令调整图片色调，使用"添加图层样式"命令为图像添加效果。最终效果如图 13-4 所示。

图 13-4

制作中式茶叶网站
主页 Banner

【效果文件位置】云盘\Ch13\效果\制作中式茶叶网站主页 Banner.psd。

课堂练习——制作七夕活动 Banner

【练习知识要点】使用"减淡"工具提高脸和胳膊的亮度，使用"加深"工具加深衣服图案颜色，使用"模糊"工具模糊头部外围，使用"移动"工具添加文字、灯笼和浪花，使用"添加图层样式"按钮为文字添加样式，使用"色相/饱和度"命令、"色阶"命令调整图像颜色。最终效果如图 13-5 所示。

制作七夕活动
Banner

图 13-5

【效果文件位置】云盘\Ch13\效果\制作七夕活动 Banner.psd。

课后习题——制作实木双人床 Banner

【习题知识要点】使用"置入嵌入对象"命令置入素材图片，使用"矩形选框"工具、"羽化"命令、"不透明度"选项制作柜子阴影，使用"横排文字"工具添加标题文字，使用"圆角矩形"工具绘制装饰图形。最终效果如图 13-6 所示。

制作实木双人床
Banner

图 13-6

【效果文件位置】云盘\Ch13\效果\制作实木双人床 Banner.psd。

13.3 海报设计——制作传统文化宣传海报

【案例学习目标】学习使用"置入嵌入对象"命令、"创建新的填充或调整图层"按钮制作传统文化宣传海报。

【案例知识要点】使用"置入嵌入对象"命令置入图片和文字，使用"色相/饱和度"命令、"色阶"命令调整图像色调，使用"自由变换"命令、"保持长宽比"按钮等比例缩小图片。最终效果如图 13-7 所示。

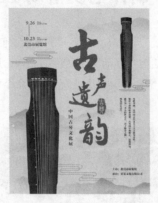

制作传统文化宣传
海报

图 13-7

【效果文件位置】云盘\Ch13\效果\制作传统文化宣传海报.psd。

课堂练习——制作果汁饮品海报

【练习知识要点】使用"矩形"工具、"钢笔"工具和"渐变"工具绘制图形，使用"横排文字"工具输入文字，使用"渐变叠加"命令和"投影"命令添加图层样式，使用"添加图层蒙版"按钮、"画笔"工具合成图片，使用"高斯模糊"命令为图片添加模糊效果，使用"亮度/对比度"命令、"曲线"命令调整图片颜色。最终效果如图 13-8 所示。

制作果汁饮品海报

图 13-8

【效果文件位置】云盘\Ch13\效果\制作果汁饮品海报.psd。

课后习题——制作音乐会宣传海报

【习题知识要点】使用"移动"工具添加素材图片，使用"照片滤镜"命令调整图片颜色，使用图层"混合模式"选项、"不透明度"选项为图片添加融洽效果，使用"渐变叠加"命令、"投影"命令为图片添加特殊效果。最终效果如图 13-9 所示。

制作音乐会宣传海报

图 13-9

【效果文件位置】云盘\Ch13\效果\制作音乐会宣传海报.psd。

13.4　书籍设计——制作茶艺图书封面

【案例学习目标】学习使用"新建参考线版面"命令分割页面，使用"移动"工具、"图层"控制面板、"置入嵌入对象"命令添加素材图片，使用"文字"工具、"字符"控制面板和"字形"控制面板制作封面信息及其他相关内容。

【案例知识要点】使用"不透明度"选项为图片添加半透明效果，使用"矩形"工具、"创建剪贴蒙版"命令为图片添加蒙版效果，使用"矩形"工具、"属性"控制面板绘制装饰图形；使用"横排文字"工具、"直排文字"工具和"字符"控制面板添加书名及封面信息，使用"字形"控制面板添加需要的字形，使用"置入嵌入对象"命令添加素材图片。最终效果如图 13-10 所示。

制作茶艺图书封面

图 13-10

【效果文件位置】云盘\Ch13\效果\制作茶艺图书封面.psd。

课堂练习——制作花艺工坊图书封面

【练习知识要点】使用"新建参考线版面"命令分割页面，使用"矩形"工具、"移动"工具、"创建剪贴蒙版"命令制作封面底图，使用"钢笔"工具、"不透明度"选项、"画笔"工具、"画笔设置"控制面板绘制装饰图形，使用"横排文字"工具、"直排文字"工具和"字符"控制面板添加书名及封面信息。最终效果如图 13-11 所示。

制作花艺工坊图书封面 1　　制作花艺工坊图书封面 2　　制作花艺工坊图书封面 3

图 13-11

【效果文件位置】云盘\Ch13\效果\制作花艺工坊图书封面.psd。

课后习题——制作剪纸图书封面

【习题知识要点】使用"新建参考线版面"命令分割页面，使用"置入嵌入对象"命令置入素材图片，使用"变换"命令复制多个花瓣，使用"创建剪贴蒙版"命令和"矩形"工具制作图像显示效果，使用"横排文字"工具、"直排文字"工具和"字符"控制面板添加书名及封面信息。最终效果如图 13-12 所示。

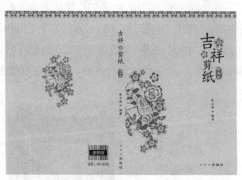

制作剪纸图书封面

图 13-12

【效果文件位置】云盘\Ch13\效果\制作剪纸图书封面.psd。

13.5　包装设计——制作冰淇淋包装

【案例学习目标】学习使用绘图工具、"添加图层样式"命令和"文字"工具制作冰淇淋包装。

【案例知识要点】使用"椭圆"工具、"投影"命令、"色阶"命令和"横排文字"工具制作包装平面图，使用"移动"工具、"置入嵌入对象"命令和"投影"命令制作包装展示效果。最终效果如图 13-13 所示。

【效果文件位置】云盘\Ch13\效果\制作冰淇淋包装.psd。

制作冰淇淋包装 1

制作冰淇淋
包装 2

图 13-13

课堂练习——制作五谷杂粮包装

【练习知识要点】使用"新建参考线"命令分割页面,使用"钢笔"工具绘制包装平面图,使用"羽化"命令和图层"混合模式"选项制作高光效果,使用"添加图层蒙版"按钮、"渐变"工具和"图层"控制面板制作图片叠加效果,使用"添加图层样式"命令为文字添加特殊效果,使用"矩形选框"工具和"变换"命令制作包装立体效果。最终效果如图 13-14 所示。

制作五谷杂粮
包装 1

制作五谷杂粮
包装 2

图 13-14

【效果文件位置】云盘\Ch13\效果\制作五谷杂粮包装.psd。

课后习题——制作方便面包装

【习题知识要点】使用"创建剪贴蒙版"命令制作背景效果,使用"载入选区"命令和"渐变"工具添加亮光,使用"文字"工具和"描边"命令添加宣传文字,使用"椭圆选框"工具和"羽化"命令制作阴影,使用"创建文字变形"按钮制作文字变形,使用"矩形选框"工具和"羽化"命令制作封口。最终效果如图 13-15 所示。

制作方便面
包装 1

制作方便面
包装 2

图 13-15

【效果文件位置】云盘\Ch13\效果\制作方便面包装.psd。

13.6　网页设计——制作中式茶叶官网首页

【案例学习目标】使用绘图工具、"置入嵌入对象"命令、"创建剪贴蒙版"命令及文字工具制作中式茶叶官网首页。

【案例知识要点】使用"新建参考线"命令建立参考线，使用"置入嵌入对象"命令置入图片，使用"创建剪贴蒙版"命令调整图片显示区域，使用"横排文字"工具添加文字，使用"矩形"工具和"圆角矩形"工具绘制基本形状。最终效果如图 13-16 所示。

制作中式茶叶官网首页 1

制作中式茶叶官网首页 2

制作中式茶叶官网首页 3

制作中式茶叶官网首页 4

图 13-16

【效果文件位置】云盘\Ch13\效果\制作中式茶叶官网首页.psd。

课堂练习——制作中式茶叶官网详情页

【练习知识要点】使用"新建参考线"命令建立参考线，使用"置入嵌入对象"命令置入图片，使用"矩形"工具、"添加图层样式"命令、"创建剪贴蒙版"命令和"创建新的填充或调整图层"按钮制作导航条和海报区域，使用"文字"工具、"字符"控制面板制作详情介绍页，使用"椭圆"工具、"横排文字"工具添加冲泡方法、工艺流程以及底部信息。最终效果如图 13-17 所示。

制作中式茶叶
官网详情页 1

制作中式茶叶
官网详情页 2

图 13-17

【效果文件位置】云盘\Ch13\效果\制作中式茶叶官网详情页.psd。

课后习题——制作中式茶叶官网招聘页

【习题知识要点】使用"添加图层样式"按钮、"横排文字"工具、"圆角矩形"工具制作导航条、使用"矩形"工具、"置入嵌入对象"命令、"创建剪贴蒙版"命令制作 Banner 广告，使用"矩形"工具、"直线"工具、"横排文字"工具制作搜索栏和职位信息。最终效果如图 13-18 所示。

制作中式茶叶官网
招聘页 1

制作中式茶叶官网
招聘页 2

图 13-18

【效果文件位置】云盘\Ch13\效果\制作中式茶叶官网招聘页.psd。

13.7　App 界面设计——制作旅游类 App 首页

【案例学习目标】学习使用绘图工具、"置入嵌入对象"命令、"添加图层样式"按钮和"横排文字"工具制作旅游类 App 首页。

【案例知识要点】使用"圆角矩形"工具、"矩形"工具和"椭圆"工具绘制形状，使用"置入嵌入对象"命令置入图片和图标，使用"创建剪贴蒙版"命令调整图片显示区域，使用"添加图层样式"按钮添加特殊效果，使用"横排文字"工具输入文字。最终效果如图 13-19 所示。

制作旅游类 App
首页 1

制作旅游类 App
首页 2

制作旅游类 App
首页 3

图 13-19

【效果文件位置】云盘\Ch13\效果\制作旅游类 App 首页.psd。

课堂练习——制作旅游类 App 个人中心页

【练习知识要点】使用"圆角矩形"工具、"矩形"工具、"椭圆"工具和"直线"工具绘制形状，使用"置入嵌入对象"命令置入图片和图标，使用"创建剪贴蒙版"命令调整图片显示区域，使用"渐变叠加"命令添加效果，使用"属性"控制面板制作弥散投影，使用"横排文字"工具输入文字。最终效果如图 13-20 所示。

制作旅游类 App
个人中心页 1

制作旅游类 App
个人中心页 2

制作旅游类 App
个人中心页 3

图 13-20

【效果文件位置】云盘\Ch13\效果\制作旅游类 App 个人中心页.psd。

课后习题——制作旅游类 App 引导页

【习题知识要点】使用"置入嵌入对象"命令添加素材图片，使用"不透明度"选项制作图片半透明效果，使用"渐变叠加"命令制作渐隐效果，使用"横排文字"工具、"字符"控制面板添加内容区，使用"圆角矩形"工具、"横排文字"工具绘制开始按钮。最终效果如图 13-21 所示。

制作旅游类 App
引导页 1

制作旅游类 App
引导页 2

制作旅游类 App
引导页 3

图 13-21

【效果文件位置】云盘\Ch13\效果\制作旅游类 App 引导页\旅游类 App 引导页 1.psd、旅游类 App 引导页 2.psd、旅游类 App 引导页 3.psd。

扩展知识扫码阅读

设计基础

✔认识形体　　✔透视原理

✔认识设计　　✔认识构成

✔形式美法则　　✔点线面

✔基本型与骨骼　　✔认识色彩

✔认识图案　　✔图形创意

✔版式设计　　✔字体设计

设计应用

✔创意绘画　　✔图标设计

✔装饰设计　　✔VI设计

✔UI设计　　✔UI动效设计

✔标志设计　　✔包装设计

✔广告设计　　✔文创设计

✔网页设计　　✔H5页面设计

✔电商设计　　✔MG动画设计

✔网店美工设计　　✔新媒体美工设计

\>>>